팟캐스트 **블록킹팀**이 쉽게 알려주는 **블록체인 이야기**

ZOOM IN
블록체인

블록킹팀 지음

ZOOM⁺IN
블록체인

초판 1쇄 인쇄 2020년 7월 24일
초판 1쇄 발행 2020년 7월 31일

지은이 블록킹팀
펴낸이 한준희
펴낸곳 (주)아이콕스

기획·편집 오운용
디자인 그리드나인
영업지원 김진아
영업 김남권, 조용훈

Education by Sympathy

주소 (14556) 경기도 부천시 조마루로 385번길 122 삼보테크노타워 2002호
등록 2015년 7월 9일 제2017-000067호
홈페이지 http://www.icoxpublish.com
이메일 icoxpub@naver.com
전화 032-674-5685
팩스 032-676-5685
ISBN 979-11-6426-127-7 (03500)
ISBN 979-11-6426-128-4 (05500) 전자책

이 도서의 국립중앙도서관 출판예정도서목록(CIP)은 서지정보유통지원시스템 홈페이지
(http://seoji.nl.go.kr)와 국가자료공동목록시스템(http://www.nl.go.kr/kolisnet)에
서 이용하실 수 있습니다(CIP 제어번호: CIP 2020028377).

팟캐스트 **블록킹팀**이 쉽게 알려주는 **블록체인 이야기**

ZOOM⁺IN
블록체인

등장인물

체스 : 블록체인 업계에서 비즈니스팀을 담당

기린 : 블록체인 업계에서 개발을 담당

길벗 : 암호화폐 전문가로서 비즈니스와 개발을 연결하는 역할

팟캐스트 블록킹팀

들어가며

길벗 우리는 왜 이 책을 쓰게 된 것일까?

기린 과거에 지은 죄 때무ㄴ…(쿨럭)

체스 난 사실 인문학도야. 여행을 좋아해서 대학 시절에 여러 곳을 여행했는데, 금융 시스템이 발달하지 않은 나라에서 사기를 좀 당했지. 그래서 비트코인을 처음 접했을 때 금융시스템을 바꾸고 싶다는 생각을 했어. 꿈은 컸지만 IT 기술에 대한 지식이 부족해서 공부를 열심히 해야했지. 그런데 처음 접하는 내용들이 많고 용어도 어려워 매우 힘들었어. 블록체인은 사람들이 많이 참여할수록 더 좋아지는 거잖아? 이왕이면 다른 사람들이 나처럼 고생하지 않고 이 기술을 배워나갔으면 좋겠다 싶었지.

길벗 허세다…

기린 난 요즘 블록체인에 대한 과장된 이야기들이 마음에 걸려. 왜곡된 정보를 듣고 코인을 산 분들이 상처받은 이야기를 들으면 마음이 아프기도 하고. 좀더 냉철한 시각으로 기술을 바라봤으면 좋겠어. 블록체인 기술은 여러 사람이 함께 만들어나가는 거잖아. 단순히 코인을 사고 가격이 오르길 기다리는 것이 아니라, 블록체인을 활용하여 더 나은 세상을 함께 만들어나갔으면 하는 바람이야.

길벗 뭐야… 이런 분위기야? 그렇다면 나도 한마디 해야지. 난 블록체인이 사회에 큰 영향을 줄 것이라고 생각해. 하지만 방향성은 고민해 봐야할 것 같아. 어떤 산업군을 무너뜨릴 수도 있다는 간단한 논리가 아니라, 우리 사회를 비판적으로 바라보고 어떠한 방향으로 나아가야 하는지 고민해나갔으면 좋겠어.

기린 그 내용을 쓸 거야?

길벗 누군가는 쓰겠지?

체스 우리가 책을 잘 쓸 수 있을까? 이미 시중에 많은 책들이 나와있고, 블록체인 기술은 끊임없이 변화하잖아…

길벗 우리는 우리의 언어로 설명하면 되고, 판단은 독자분들이 해주시겠지.

기린 블록체인이든 책이든 중요한 건 도전하여 한걸음 나아가는 거야. 진심을 담으면 모두 좋은 결과로 돌아올 것이라 믿어.

체스 그래, 그럼 시작해볼까?

목차

2장. 블록체인의 구성 요소 및 원리

목차

3장. 다양한 암호화폐

1장

블록체인이란
무엇인가

블록체인 기술이
어려운 이유 1

체스 : 엄마 저희 블록킹 들어보셨어요?

체스 엄마 : 그래. 들어봤는데 무슨 소리인지 하나도 모르겠더라.

체스 : 네? 엄청 쉽게 설명한 건데…

체스 엄마 : 아니, 분산원장이니 무슨 코인이니 일상적으로 쓰이는 용어가 하나도 없니? 나 같은 보통 사람들은 도무지 이해를 못하겠다.

체스 : 흠… 큰일이네…

최근 블록체인이 4차 산업혁명을 이끌 신기술이라는 보도가 끊임없이 나오고 있다. 요즘 같이 경제가 어려운 시기에 블록체인과 같은 신기술을 이해해두면 미래에 큰 자산이 될 것이라는 생각으로 많은 사람들이 관련 기술을 이해하기 위해 노력하고 있지만, 어디서부터 시작해야할지 몰라 막막해하는 경우가 많다. 마땅한 교재도 없고 관련 교육도 부족하다. 시중에 나와있는 서적들에는 알 수 없는 용어들로 가득하다. 블록체인 기술에서 자주 쓰이는 용어들을 열거해보면 다음과 같을 것이다.

블록체인 : 블록은 뭐고 체인은 뭐지?
분산원장 : 원장? 이건 무슨 뜻이지?
POW, POS : 그냥 외계어
비트코인, 이더리움 : 가지고 있으면 돈 버는 것

블록체인 용어들을 처음 봤을 때 대부분의 사람들이 하는 반응일 것이다. 이러한 용어들은 전문가들이 만든 것이기 때문에 비전문가들이 직관적으로 이해하기 쉽지 않다. 하지만 어려운 용어들도 일상적인 언어로 친근하게 표현하면 보다 쉽게 블록체인 기술을 이해할 수 있다.

블록체인 : 가계부
분산원장 : 순돌이 엄마와 같이 쓰는 가계부
POW, POS : 가계부를 작성하기 위한 규칙
비트코인, 이더리움 : 가계부에 적히는 돈의 종류들(원화, 달러 등등)

물론 완전히 일치하지는 않겠지만, 대략적인 흐름을 이해하는 데 도움이 될 것이다. 블록체인 기술이라는 것도 결국 사람사는 세상에서 쓰이기 위해 만들어진 것이기 때문에 인간 세상의 여러 요소들이 융합되어 있다. 그러니 용어에 지레 겁먹지 말자. 이 책을 꾸준히 따라가다 보면 어느새 블록체인이 돌아가는 원리를 이해하고 있을 것이다.

블록체인 기술이
어려운 이유 2

기린 : 야, 너 블록킹 들어봤어 ?

기린 동생 : 어.

기린 : 어떠냐?

기린 동생 : 뭐 재미없지…

기린 : 헉…너 동생이 할 소리냐?

기린 동생 : 아니, 방송이 재미없는 게 아니라… 블록체인 기술이 재미없다고.

기린 : 그래? 뭐가 그렇게 재미없는데?

기린 동생 : 블록체인 그거 어디에 쓰는 거야? 도무지 모르겠던데…그거 쓰면 돈이
나와 떡이 나와 ?

기린 : 야…이게 얼마나 위대한 기술인데, 서로 다른 주체들이 보편적 진리에 다다
를 수 있는…

기린 동생 : 아, 그건 오빠 생각이고…일반인들은 그거 쓰면 뭐가 좋아지는 지 알고
싶다니까…

블록체인 기술에 대해 사람들과 이야기할 때 많이 듣는 소리 중 하나가 이 기술로 도대체 뭐가 좋아지는지 모르겠다는 것이다. 사람의 말을 이해하는 인공지능 스피커를 통해서는 직접 움직이지 않아도 말을 하는 스피커가 여러 가지 정보를 준다. 딥러닝 기술이 나오면 쇼핑을 할 때 내가 가장 좋아할 만한 상품을 추천받을 수 있다. 그렇다면 블록체인 기술은 무엇을 해줄 수 있을까? 사람들의 보편적 이해를 얻기 위해서는 어려운 용어로 구구절절 설명하는 것 말고 한 번의 묘사로 설명할 수 있어야 한다. 하지만 블록체인은 눈앞에 보이는 기술이라기보다 시스템 안쪽에서 벌어지는 기술이기 때문에 일반인들의 공감을 얻기가 매우 어려운 것이 사실이다.

블록체인 기술은 분명한 목적이 있다. 중앙기관을 거치지 않는 원장시스템을 만드는 것이다. 그렇다면 원장에 무엇을 기록할 것인가? 블록체인 기반 금융시스템은 금융과 관련된 내용들을 기록한다. 블록체인 기반 물류 유통시스템은 물류 유통과 관련된 내용들을 기록한다. 이처럼 블록체인 기술은 특정한 목적이 있어야 의미를 지닌다. 우리가 가장 많이 들어본 비트코인만 하더라도, 백서 서문에 '제 3기관을 거치지 않는 p2p 금융 거래 체계'를 만들기 위한 것이라고 분명히 기록되어 있다.

지금도 지나치게 어려운 용어로 설명을 하고 있는데, 조급함을 잠시 내려놓고 블록체인 기술이 도대체 무엇인지 차근차근 알아보도록 하자.

엄마의 가계부와 원장

길벗 : 엄마, 가계부 쓰세요?

길벗 엄마 : 아휴 바빠 죽겠는데 가계부는 왜?

길벗 : 아니 독자 여러분들께 엄마 가계부로 블록체인에 대해 설명할까 해서요

길벗 엄마 : 그래? 그럼 갖다 줘야지. 옛다.

길벗 : 오 감사합니다. 근데 이 힘든 걸 왜 쓰세요?

길벗 엄마 : 니가 맨날 돈 펑펑 써대니까, 얼마나 펑펑 쓰는지 알아야 돈을 효율적
으로 관리할 수 있지

길벗 : 헉… 그런 얘긴 독자분들 앞에서 하지 말아주세요…

길벗 엄마 : 나가.

가계부는 우리가 일상생활에서 접하는 원장이다. 우리가 가계부를 쓰는 이유를 먼저 생각해보자. 가계부는 왜 쓰는 것일까?

> 1. 내 돈이 어디에 흘러가고 있는 지 확인할 수 있다.
> 2. 가계부를 통해 앞으로 돈을 어떻게 쓸 수 있을 지 계획할 수 있다.

가계부를 쓰는 목적은 크게 이 두 가지로 나뉜다. 여기서 '내 돈'이라는 것은 대개 가족 예산이고, 곧 부모님의 월급일 것이다. 가계부에 적힌 내역들은 본인의 돈인 경우가 많기 때문에, 혼자 작성하게 된다. 가계부를 잘못 작성했더라도 혼자 수정하면 그만이다.

여기서 약간 이상한 생각을 해보자. 추후에 분명 도움이 될 것이다. 가계부를 쓰는 주체는 보통 어머니인데, 자식이 가계부를 쓰면 어떨까? 만약 가계부를 도둑 맞으면 어떻게 될까?
너무 많은 상황을 가정하면 머리가 아프니 차근차근 하나씩 풀어가보자. 어머니가 쓰고 있는 가계부를 자식이 수정한다고 해서, 감옥에 가지는 않는다. 단지, 몽둥이 찜질을 받을 뿐이다. 어렸을 적 한번씩 있을 법한 경험인데, 바로 이런 것이다.

고등학생인 철수는 어머니께 용돈을 일주일에 10,000원을 받았다. 어머니는 학생은 공부 빼고 할 것이 없으니 10,000원이면 충분하다고 생각을 했지만 철수에겐 아니었다. PC방 요금은 보통 한시간에 1,000원이고 라면 하나 사먹으면 한시간에 2,000원이 소비된다. 그 외에 친구들과 떡볶이 같은 간식을 사먹는다면 10,000원이 훌쩍 넘는다.

철수는 어머니가 돈을 어디서 꺼내는지 유심히 지켜보았다. 안방에 있는 어떤 서랍에 10,000원 권이 두둑히 들어있는데, 어머니가 그 돈을 꺼내 용돈으로 주는 것을 알았다.

어머니가 장보러 간 사이 철수는 서랍 안에 있는 10,000원 권 몇 장을 빼 호주머니에 챙겨넣었다.

며칠 뒤… 어머니가 조용히 철수를 불렀다.

어머니 : 좋은 말로 할 때 내놔라.
철수 : 네??? 무슨 뜻이세요?
어머니 : 내가 도둑놈 자식을 키웠냐? 얼른 가져간 돈 내놓으라고…
철수 : 헉…어떻게 아셨어요?

어머니는 그 서랍 안에 있는 돈을 쓸 때마다 가계부를 적은 것이다. 매번 돈이 얼마 있는지 확인해 가계부를 적고 계셨다. 꼼꼼한 어머니 앞에서 철 모르는 철수는 들킬 수 밖에 없는 운명이었다. 아마 적지 않은 독자분들이 겪은 경험일 것이다.

자, 여기서 또다른 가정을 해보자. 아들인 철수가 어머니의 가계부를 수정하면 어떻게 될까?

> 아들 용돈 : 40,000원 -> 아들 용돈 : 80,000원

철수는 머리를 조금 더 쓰기 시작했다. 어머니의 가계부를 수정하고 그만큼 돈을 가져가기로 한 것이다. 어머니의 필체까지도 열심히 베껴 완전범죄를 하겠다는 일념으로 가계부를 수정했다. 그리고 서랍에 있는 돈을 가져갔다.

다음날...

어머니 : 이노무 자식 당장 이리와!
철수 : 네?? 무슨 일이세요 ?
어머니 : 이제 하다하다못해 가계부를 고쳐?
철수 : 어떻게 아셨어요 ?
어머니 : 내가 네 용돈 매달 똑같이 주는데, 이번 달엔 두 배가 나갔다.
　　　어디서 못된 것만 배워가지고…

　아들은 결코 어머니를 이길 수 없나보다. 어머니의 말씀을 들어보면, 가계부는 크게 의미가 없다. 가계부는 참고 사항일 뿐이고, 중요한 것은 어머니의 판단이다. 또한 가계부에 적힌 내용과 실제 남은 금액 간 차이가 나더라도 오차가 크지 않으면 대수롭지 않게 넘어갈 수 있다. 가계부와 관련된 특징을 정리해보면 다음과 같다.

> 1. 가계부 작성자는 1인이다(주로 어머니).
> 2. 가계부에 기록되는 내용은 집안 자산에 대한 것들이다.
> 3. 하지만 가계부에 접근은 누구나 가능하고 수정할 수 있다.
> 4. 실제 잔고와 가계부 내용이 일치하지 않더라도 크게 문제되지 않는다.
> 5. 가계부가 절대적인 힘을 갖지는 않는다(어머니의 판단력이 더 중요).

　이 내용을 잘 기억해두어야 한다. 왜냐하면 어머니의 가계부도 하나의 '원장(Ledger)'이기 때문이다. 추후 블록체인(분산원장 시스템)을 이해하기 위해서는 우리가 너무 당연하다고 하는 가계부의 특성을 다시 한번 알아둘 필요가 있다.

은행의 가계부와 원장

기린 : 체스 씨, 나 10만 원만 빌려줘. 급히 쓸 곳이 있어

체스 : 아니 지난 번에 빌려간 돈도 안 갚았는데, 또 빌려?

기린 : 아, 진짜 미안. 이번엔 꼭 갚을게.

체스 : 안 되겠다. 이번엔 각서 써. 안 갚으면 법원에 고소할 거야.

기린 : 야박하기는. 알았어 알았어.

길벗 : 갑자기 생각난 건데, 은행도 가계부 같은 것을 쓸까?

체스 : 아니 이 중요한 마당에 지금 그게 무슨 뚱딴지 같은 소리야?

기린 : 은행들도 가계부 같은 것을 써야 나같이 돈 빌리고 안 갚는 사람 찾아낼 수
있는 거 아닌가?

체스 : 야 능구렁이처럼 빠져나갈 생각 말고 어서 각서나 써.

기린 : 아, 알았어 알았어.

은행은 우리 주변 곳곳에서 사람들에게 편의를 제공한다. 그런데 은행이 어떠한 곳인지, 어떻게 운영되는지 생각해본 적은 많지 않을 것이다. 앞서 설명한 가계부와 같이 은행이란 곳의 특징을 알아두어야 블록체인이 어떠한 기술인지 이해할 수 있다. 이후 자세히 설명하겠지만, 블록체인은 현 은행 시스템의 문제를 해결하기 위해 탄생한 것이다. 은행이 가지고 있는 문제들은 복잡한 시스템으로부터 나온 것이기 때문에 역시 이해하기 쉽지 않다. 이 복잡한 시스템을 이해하기 위해서는 은행의 기본적인 시스템부터 짚고 넘어가야 한다. 은행은 고객으로부터 돈을 예치 받고 일정 기간이 지나 해당 금액에 대한 이자를 주는 기관이다. 또한 예치 받은 돈을 활용하여 또다른 고객에게 돈을 빌려주기도 한다. 그럼 서두에 제시한 체스와 기린의 일화에서 체스는 은행 역할을 하고 있다고 할 수 있을까?

법적으로 금융기관은 아니지만 원시적인 형태의 은행이라고 볼 수도 있다(만약 독자분이 금융 전문가라서 도저히 은행이라고 볼 수 없다고 한다면, 한 번만 양보해주실 것을 간곡히 부탁드린다. 여기서 중요한 것은 은행이냐 아니냐가 아니라 블록체인에 대해 이해하는 것이기 때문이다. 이 과정은 그 첫 단계라고 보면 된다. 추후에는 왜 이렇게 억지를 부려가며 설명하는지 이해할 수 있을 것이다.).

체스는 기린에게 돈을 빌려주는 역할을 한다. 그런데 일화를 보면 이상한 점이 있다. 어떠한 계약 문서도 쓰지 않고 돈을 빌려주기 때문이다. 그 이유는 체스와 기린이 신뢰관계이기 때문이다. 대화를 다시 살펴보면 기린이 그 신뢰관계를 깼기 때문에, 체스가 계약서를 쓰기로 마음먹은 것을 알 수 있다.

은행이 고객에게 서비스를 제공할 때의 전제는 은행과 고객 간의 신뢰관계가 형성되지 않은 상태라는 것이다. 다음의 관계를 보자

> A 은행
>
> B 철수 : 예금자, 예금에 대한 대가로 이자를 받음
>
> C 순희 : 대출자, 대출에 대한 대가로 이자를 지불

제시된 역할은 총 셋이다. 철수는 은행에 돈을 맡긴다. 은행은 철수가 맡긴 돈을 순희에게 빌려준다. 여기서 철수와 순희는 전혀 알지 못하는 관계이다. 이렇게 불특정다수가 개입된 상태에서 자금이 이동하기 때문에 A 은행은 장부를 기록해야 한다. 이 장부는 분쟁이 생겼을 때 법적 근거로 활용될 수 있는 중요한 자료가 된다.

> A 은행
> B 철수 : 10,000원을 입금
> C 순희 : 5,000원을 대출
>
> 잔고 : 5,000원

여기서 장부의 기록 방식에 대해서 잠시 생각해보자. A 은행의 장부는 한 사람이 기록하는 구조가 아닐 것이다. A 은행의 고객이 아주 적으면 모를까 일반적으로 고객이 아주 많기 때문에 한 사람이 모든 정보를 혼자 장부에 기록할 수 없다. 따라서 A 은행에서 일하는 직원 여러 명이 교대로 작성할 것이다. 그렇다면 앞의 상황을 조금 더 확장시켜보자.

> A 은행 직원 : 길동
> B 철수 : 예금자, 예금에 대한 대가로 이자를 받음
> C 순희 : 대출자, 대출에 대한 대가로 이자를 지불

위 상황에서 길동이는 철수에 대한 예금을 처리하고, 순희에게 대출을 해준다. 길동의 업무시간이 끝나고, 은행의 다른 직원인 영희가 다음 업무를 맡게 된다. 영희는 무엇을 기준으로 예금 또는 대출 업무를 할 수 있을까? 바로 철수가 적은 장부이다. 이것이 앞서 설명한 가계부와의 차이다. 가계부는 어머니 혼자서 관리할 수 있다. 모든 자산의 흐름을 직접 보고 해당 내용을 가계부에 적는다. 하지만 은행에서의 장부는 성격이 다르다. 은행의 장부를 적는 사람은 개인이 아니라 다수이다. 자금의 흐름을 직접 볼 수 없는 상황이기 때문에, 장부를 기준으로 업무를 처리할 수 밖에 없다. 다수가 장부에 기록을 하게 되면, 이러한 문제가 발생할 수 있다. 길동은 A 은행

에 거대한 자금이 몰리는 것을 보고 일부를 빼돌릴 것을 계획한다. 장부를 수정하고, 은행 안에 있는 현금을 빼가는 방식이다.

> A 은행 장부
>
> 철수가 5,000원을 입금함
>
> 순희가 2,000원을 대출함
>
>   잔고 3,000원

길동은 이렇게 장부를 고쳐놓고 현금 2,000원을 몰래 가져갔다. 이런 상태에서 영희에게 업무를 넘기면, 영희는 조작인지 아닌지 알 도리가 없다. 철수가 입금한 10,000원을 찾을 때에야 비로소 문제가 발견된다. 철수가 10,000원을 입금했는데, 은행에서는 5,000원만 입금한 상태라고 이야기하면, 철수는 버럭 화를 낼 것이다. A 은행은 적절한 증거자료를 내밀어야 하는데, 장부에 5,000원이 적혀있으면 이러지도 저러지도 못 하는 상황이 발생할 것이다. 이때, 수정한 흔적이 있다면 해당 근무자를 찾아 조사를 하는 등 많은 시간과 비용을 들인 끝에 범인을 찾을 수 있을 것이다.

이처럼 가계부와 은행 장부는 똑같은 장부이지만 은행 장부는 가계부와 비교했을 때 확연한 차이가 있다.

> 1. 은행 장부 작성자는 다수이다.
> 2. 은행 장부에 기록되는 내용은 은행 자산이지만 실질적으로는 남의 자산이다.
> 3. 은행 장부에는 함부로 접근해서도, 수정해서도 안 된다.
> 4. 은행 장부와 은행 자산은 반드시 일치해야 한다.
> 5. 은행 장부는 아주 강력한 힘을 갖는다(분쟁이 발생했을 시, 주관적 판단은 중요하지 않다.).

이렇게 은행 장부는 가계부와는 다르게 매우 강력한 힘을 갖고 있다. 때문에 함부로 다뤄서는 안 된다. 은행 장부든 가계부든 쓰여지지 않을 때에는 그냥 일반 '노트'에 불과한 것이지만 참여자들(불특정다수 인지 가족인지) 또는 자산의 성격(내 자산 인지 남의 자산 인지)에 따라 '노트'의 성격은 매우 달라지게 된다.

장부의 안전한 보관

기린 : 자, 이제 됐지? 10만 원 갖고 되게 치사하게 구네.

체스 : 야, 니가 한두 번이냐? 다 합치면 한 달에 소고기를 몇 근이나 먹을 수 있는데..

기린 : 아 알았어 알았어. 이제 됐잖아.

체스 : 그래도 못 믿겠는데, 이 각서 어디다 보관해야 되지? 왠지 이거 기린이 몰래
　　　가져 갈 것 같은데…

길벗 : ㅋㅋㅋ 그러고도 남을 걸 ?

기린 : 아 너네는 날 뭘로 보고…

체스 : 금고라도 하나 사야되나 ?

길벗 : 옷장에다 숨기든가…

체스 : 그럼 내가 잊어버려…

길벗 : 에휴…

누구나 중요한 물건을 어떻게 보관해야 할지 고민한 적이 있을 것이다. 통장과 도장 같은 것들 말이다. 우리가 일반적으로 생각하기에 무언가를 안전하게 보관하는 방법은 남들 눈에 보이지 않는 곳에 꼭꼭 숨겨두는 것이다. 책상 서랍 깊숙한 곳이라든지 비밀번호가 달린 상자에 넣을 수도 있다.

은행 장부는 개인 통장보다 훨씬 더 큰 고민거리이다. 은행 장부는 함부로 조작되어선 안 되기 때문이다. 은행 장부에 기록되어 있는 잔고는 가계부와는 비교도 안 될 정도로 금액이 크다. 따라서 은행 장부는 매우 안전한 곳에 보관되어야 한다.

만약 물리적인 노트라면 거대한 비밀금고에 넣고 그 비밀금고를 감싸는 등 여러개의 방어벽을 세우는 방식으로 보관하게 될 것이다.

금고를 잠그는 방식도 주목해볼 만 하다. 가장 기본적으로 떠올릴 수 있는 방법은 비밀번호다. 나만이 알고 있는 숫자열을 통해 접근 권한을 인정받는 방식이다. 그런데 비밀번호는 경우의 수에 따라 다른 사람이 쉽게 접근할 수도 있다(1234, 1111 이런 단순한 숫자라면 말이다.). 또한 비밀번호는 자신과 관련된 정보가 포함될 가능성이 있어 때로 주변 사람들이 맞히기도 한다(순간을 모면하기 위해 아니라고는 하지만, 집에서 몰래 비밀번호를 변경한 적이 몇 번 있을 것이다.). 비밀번호는 이렇듯 경우에 따라 다른 사람에게 도용될 우려가 있다. 그래서 최근엔 자신만이 가지고 있는 홍채 정보나 지문 정보같은 것을 이용하기도 한다.

물리적인 노트를 안전하게 보관하는 법에 대해 생각해봤는데, 이제는 조금 복잡한 IT 세상에 대한 이야기를 해야할 것 같다. 블록체인은 IT 영역이기 때문이다. 컴퓨터 세상에도 문서는 있다. 최근에는 물리적인 노트 대신 전자 문서를 사용하는 경우가 훨씬 더 많다.

은행 시스템도 이제는 전산망을 통해 이루어진다. 고객은 종이로 된 통장 이외에 모바일 뱅킹이나 인터넷 뱅킹을 이용한다. 이러한 전산망에서 장부를 안전하게 보관할 수 있는 방법은 무엇일까?

물리적인 공간에서 남의 물건을 허락없이 가져가는 사람을 도둑이라고 부른다. 전산망에서 남의 데이터를 몰래 가져가는 사람은 해커라고 부른다. 물리적인 공간에서 물건을 훔치는 것이나 전산망에서 남의 데이터를 몰래 훔치는 것이나 똑같은 범죄 행위다. 그런데 물리적인 공간에서의 도둑질에 비해 전산망에서의 해킹은 다소 수월할 수 있다. 물리적인 공간에서의 도둑질은 시공간의 영향을 받기 때문이다. 해가 쨍쨍한데 남의 집에 들어가는 정신나간 사람은 거의 없다(요즘 세상엔 간혹 있긴 하다.). 도둑은 돈을 무사히 훔치기 위해 해당 집이 위치한 곳으로 직접 가서 몰래 들어가야 하는 데 그 집에 얼마만큼의 큰 돈이 들어 있는지 정확히 알 수도 없다. 베트맨에 나오는 조커처럼 당당하게 은행에 들어가지 않는 한 거액을 물리적으로 빼내기란 쉬운 일이 아니다.

반면, 전산망은 시공간의 제약이 없다. 낮이든 밤이든 컴퓨터 한 대만 있으면 다른 컴퓨터에 침입할 기반은 마련된 것이다. 이렇게 손쉬운 접근이 가능하다면 전산망 보안을 어떻게 해야 하는 것일까? 답은 '통신'에 있다. 온라인에서 가장 안전한 곳은 역설적이게도 오프라인이다. 온라인 연결을 하지 않으면 다른 사람의 컴퓨터에 침입할 수 있는 방도가 없다.

은행의 장부 시스템은 외부와 연결되지 않고, 내부인만 접근 가능하도록 설정되어 있다. 물론 내부인이 함부로 접근할 수 없게 여러 가지 장치들을 심어놓는다. 그리고 외부와 연결할 수 있는 컴퓨터를 바깥에 놓되, 여기에는 어떠한 중요한 정보도 저장하지 않는다.

이렇듯 통신 보안 원리도 물리적 세계의 보안과 비슷한 원리이다.

그런데 여기서 비용 문제가 발생한다. 우선 금융에서 쓰는 컴퓨터는 많은 데이터를 읽고 써야 하기 때문에, 사양이 좋아야 한다. 또한 외부에서 침입하는 적들을 막기 위해 방어벽을 제대로 세워야 한다. 끊임없이 시스템을 모니터링하는 장치도 설치해놓아야 한다.

물리적인 공간으로 비유를 하자면, 가계부를 안전하게 보관하기 위해 절대 열리지 않는 창고를 사고, 그 안에 또 다른 비밀 창고를 넣고, 그 비밀 창고 안에 가계부를 보관하는 식이다. 만약 창고를 열 수 있는 방법이 알려지면, 새 창고를 사서 교체해야 한다. 은행 시스템도 마찬가지이다. IT 기술의 발달로 해킹 기술이 발달하게 되면, 그에 맞춰 시스템도 업그레이드를 해야 한다. 이미 구축한 거대한 시스템망을 업그레이드 하기 위해선 큰 비용이 든다. 비트코인이 탄생한 이유 중 하나가 여기에 있다. 기존 금융 체계를 유지하기 위해서는 막대한 비용이 필요하다. 우리가 각종 금융 서비스를 이용할 때 수수료를 내는 이유는 이 운영비 때문이다.

계모임

체스 엄마 : 아이고 못 살아, 아이고 못 살아.

체스 : 엄마 왜 그러세요?

체스 엄마 : 아이고 이 망할 놈의 여편네가 그냥…

체스 : 네?

체스 엄마 : 아니 그 옆동네 순돌이 엄마가 계모임에서 모은 돈을 갖고 날랐더라고.

체스 : 진짜요? 아니 어떻게… 그거 계약서나 장부 같은 거 있지 않아요?

체스 엄마 : 아이고 장부도 그 여편네가 다 쓰고 있었지.. 근데 장부가 무슨 소용이니?
　　　　　돈 갖고 튀면 그만이지…

체스 : 와… 어떻게 이런 일이…

계모임이란 십시일반 돈을 걷어 정기적으로 한 사람에게 몰아주는 것이다. 10명의 사람들이 매달 10만 원씩 돈을 몰아준다고 했을 때, 첫번째 달에 받는 사람은 100만 원을 받고, 두번째 달에 받는 사람은 첫번째 달보다 약간 높은 금액을 받는다. 여기에는 이자의 원리가 들어간다. 받게 되는 시기가 늦어질수록 그만큼의 이자를 더 받는 식이다. 그래서 빨리 받는 사람은 급하게 돈이 필요할 경우 요긴하게 쓸 수 있고, 늦게 받는 사람은 더 많은 돈을 받을 수 있어 이득이다.

물론 이것은 최상의 시나리오다. 위 사례와 같이 곗돈을 들고 도망가는 사람들이 부지기수이기 때문이다. 느닷없이 계모임이란 예를 들어서 혼란스러울 수 있지만, 이를 가계부의 연장선상에서 보고 계모임의 문제점들을 이해해야 한다. 계에 대해 알아두면 블록체인의 원리를 조금 더 쉽게 이해할 수 있다.

계모임은 어떻게 만들어질까? 체스 엄마와 순돌이 엄마는 모르는 사이가 아니다. 은행과 고객처럼 불특정 다수가 얽혀있는 관계가 아닌 것이다. 체스 엄마와 순돌이 엄마는 아는 사이고, 아마 꽤 오랜 시간 동안 알고 지내왔을 것이다. 금전 관계에서는 '신뢰'가 가장 중요한 부분인데, 은행과 계모임의 차이는 그 신뢰를 은행이 보장하느냐 지인이 보장하느냐의 차이이다. 여기서는 최초에 순돌이 엄마가 신뢰를 보장했었다. 이 신뢰를 깼기 때문에 체스 엄마가 화가 난 것이다.

앞의 대화에서 '장부'를 다시 주목해야 한다. 계모임에서 장부를 작성하고 관리하는 주체는 계주 1인이다. 계약과 같은 번거로운 절차가 생략된 이유는 앞서 언급한 신뢰 때문이다. 순돌이 엄마가 악의적으로 행동할 것이라 예상하지 않았기 때문에 금전 관계에서 필수적으로 동반되는 '의심' 또는 '확인' 절차가 생략된 것이다.

만약 계모임에 참여한 사람들이 공동으로 장부를 작성하게 되면 어떻게 될까? 순돌이 엄마 뿐 아니라 모든 참여자들이 동일한 장부를 쓰는 것이다. 계모임이 열리는 날마다 모여서 모두 확인 하에 장부를 쓰게 된다. 그렇게 되면, 자금이 어떻게 이동하고 있는지 일일이 확인할 수 있고, 문제될 소지를 줄일 수 있을 것이다.

하지만 순돌이 엄마가 돈을 들고 튀면 어떻게 될까?
장부는 남겠지만 돈을 찾을 방도는 없다. 이 포인트를 잘 기억해야 한다. 계모임의 장부는 현금과 분리되어 있다. 따라서 장부를 가지고 법적 소송을 걸면 현금을 되찾을 근거가 될 수는 있지만, 장부를 갖고 있더라도 현금은 분리되어 있기 때문에 얼마든지 도난당할 수 있다. 이 점이 중요한 이유는 블록체인에선 자산이 곧 장부이기 때문이다. 미리 언급하자면, 블록체인에서는 자산이 보관되어 있지 않다. 장부가 기록되어 있는 것이고, 이 장부 안에 기록된 자산 내역을 변경시킬 수 있는 권한 여부에 따라 자산 내역이 변경된다. 즉, 블록체인에서는 탈취할 현금 같은 게 애초에 존재하지 않는 것이다.

은행 공동 연합 시스템

기린 : 우리가 은행 계좌이체를 하면 즉시 송금이 되잖아. 은행 시스템들이 하나로
　　　연결되어 있는 건가?

길벗 : 아니겠지… 그 거대한 은행 시스템이 어떻게 연결될 수 있겠어?

체스 : 그러게… 근데 계좌 이체 되는 거 보면 신기하네…

기린 : 우리가 당연하게 여기는 것들인데 따지고 보면 신기한 게 많아.

많은 독자분들도 같은 생각을 하고 계실 것이다. A 은행에서 B 은행으로 송금을 할 경우, A 은행과 B 은행이 시스템상 연계되어 있어 바로바로 처리를 하는 것이라고 말이다. 애석하게도 비즈니스의 세계는 그렇게 이상적이지 않다. 또한, 하나의 은행 시스템을 구축하는 것도 쉬운 일이 아닌데 그 시스템들은 연계하는 것은 무척 어려운 일이다.

은행들은 해킹 위험에 노출되어 있다. 은행의 장부는 매우 중요하기 때문에 함부로 적어서도 안 되고 접근되어서도 안 된다. 그래서 은행 시스템은 아주 깊은 곳에 숨겨져 있다. 흔히 이런 시스템을 내부망이라고 한다.

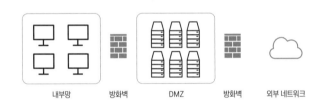

내부망   방화벽   DMZ   방화벽   외부 네트워크

은행의 내부망은 위와 같은 구조로 이루어져 있다. 외부에서 전송되는 메시지는 반드시 DMZ를 거치게 되어 있다. 비유를 하자면, 누군가가 우리 집에 소포를 보낼 때 집 안에 넣는 것이 아니라 집 앞에 놓고 가는 것이다. 그리고 집안 사람이 집앞에 놓인 소포를 확인하고 안으로 가져가는 식이다. 소포에 독약이 묻어있을 수도 있고, 폭탄이 들어있을 수도 있기 때문에 집에 들이기 전 꼼꼼하게 확인을 해야 한다. 이에 더해 혹여 생길 수 있는 문제를 방지하기 위해, 각종 보안 프로그램을 설치하는 등 수많은 장치들을 마련해야 한다. 이것이 은행 하나의 내부망에 해당되는 이야기다.

은행 장부를 연결한다는 것은 각 은행의 내부망을 연결해야 한다는 의미이다. 쉽게 말해 은행들이 직접 연결될 수 있는 땅굴을 파야한다는 뜻이다. 다른 외부의 접촉 없이 A와 B 은행을 연계하기 위해서는 전용망을 설치해야 한다. 우리가 흔히 알고 있는 와이파이망이나 인터넷을 연결하는 것이 아니다. 각 은행들의 지점들도 많은데, 그것들을 모두 직접 연결하고자 한다면 대대적인 공사가 수반되어야 한다.

아직도 궁금증은 풀리지 않았다. 은행망이 서로 연결되어 있지 않은데, 어떻게 계좌이체가 이루어질 수 있을까? 정답은 제 3기관이 있다.

철수 : 야, 영희가 나한테 1,000원 빌렸다. 봤지 봤지?
길동 : 어, 봤어.
철수 : 네가 증인이다. 너 분명 본 거다. 영희 너 1,000원 갚아야 한다, 꼭.
영희 : 어후~ 알았어 알았어.

어렸을 적 친구들과 돈을 주고 받을 때 외치던 것이 '증인'이다. 당사자가 아닌 제 3자가 해당 상황을 보고 나중에 증언을 해주는 것이다. 법적인 문제가 발생했을 때는 항상 이 증인의 여부가 중요하다.

금융기관도 증인과 같은 제 3기관을 둔다. 우리나라에서는 금융결제원이 은행들의 제 3기관이 된다. 이들은 은행들의 장부를 모아서 대조를 하는 역할을 한다. 위에 언급했듯이 A 은행과 B 은행간 장부가 서로 연결되어 있지 않기 때문에, 이 장부들이 서로 일치하는지 살펴봐야 한다. 제 3기관을 둬야 하는 이유는 단순하다. 위의 철수, 길동, 영희 일화를 재해석 해보자.

A 은행 : 나 너한테 10,000원 보냈다.

B 은행 : 언제? 나 받은 적 없는데? (사실 받은 적 있음)

A 은행 : 뭐? 내가 아까 밥 먹고 보냈는데…

B 은행 : 무슨 소리야? 아까 확인했는데 안 들어 왔었어…

A 은행 : 이거 어떻게 된 거지…

금전 관계가 얽혀 있으면 이러한 문제는 언제 어디서든 발생할 수 있다. 따라서 제 3기관에서 장부를 일일이 대조하면서 문제가 없는 지 살펴봐야 하는 것이다.

A 은행 : -10,000원 B 은행, +5,000원 C 은행

B 은행 : +10,000원 A 은행, -1,000원 C 은행

이런 식으로 은행들도 장부를 기록하여 금융결제원에 보고해야 한다. 그렇다면 실제 은행 간 이체는 언제 이루어지는가? 대조 작업이 완료된 후 이루어지게 된다. 이렇게 보면 은행 간 거래도 우리가 흔히 하는 자금 거래와 크게 다르지 않다. 다만 은행은 국가기관에서 관리를 하기 때문에 문제의 소지가 훨씬 적다는 장점이 있다. 특별한 기술력이 아니라 공권력하에 영업이 이루어진다는 점이 신뢰를 부여하는 것이다

장부와 현금의 관계

길벗 : 자, 지난 달 회비 얼마나 썼는지 한번 볼까?

체스 : 술을 많이 먹어서 꽤 많이 썼을 것 같은데…

기린 : 어? 근데 아니네…

길벗 : 장부에는 20만 원 썼다고 나와있는데, 2만 원이 남은 거야?

체스 : 와 공돈 생긴 거야? 막걸리 한 잔 하자.

길벗 : 싫어 니들 안줘~ 내가 다 가질 거야~.

지금까지 가계부 및 은행 장부의 성격을 살펴봤다. 이외에도 우리는 살면서 많은 장부들을 기록한다. 장부라는 말이 어려운 용어처럼 느껴질 수도 있는데, 노트에 자금의 흐름을 적는 것을 장부라고 보면 된다. 노트에 수업 내용을 적으면 수업 노트, 일기를 적으면 일기장이 되는 것처럼 자금 흐름을 적으면 장부가 된다. 본질은 가계부나 은행 장부나 회계 장부나 모두 같다.

그럼 이제 장부와 현금의 관계를 살펴보자. 장부와 현금은 같이 움직이지 않는다. 순서는 목적에 따라 달라지지만 대부분 따로 움직인다. 장부를 기록하여 매출 관리를 철저하게 해야 하는 가게는 장부를 기록한 후 현금을 움직일 것이고, 우리가 평소 쓰는 용돈과 같은 경우는 현금을 먼저 쓰고 장부를 기록할 것이다.

장부와 현금이 분리되면 어떠한 문제가 생길까? 아주 꼼꼼한 사람이라면 큰 금액의 흐름도 치밀하게 관리할 수 있겠지만, 액수가 커질수록 현금과 장부가 일치하지 않는 현상이 나타나기 쉽다. 서두에 제시한 에피소드에서처럼 적은 돈의 경우 무리없이 감당할 수 있지만, 액수가 커지면 문제가 생길 여지가 있다. 현금이 예상보다 많으면 몰라도 예상보다 훨씬 적으면 이후의 자금 운용에 타격이 생기기 때문이다.

장부와 현금을 일치시키는 작업은 매우 번거로운 작업이다. 용돈 기입장을 써보기만 해도 알 것이다. 장부에 기록되어 있는 사실과 실제 남아있는 잔액을 일일이 계산하며 비교하는 작업에는 많은 에너지 소모가 있다.

현금의 비밀

체스 : 근데 나 좀 이상한 게 있어.

기린 : 뭔데?

체스 : 수퍼에 가서 10,000원을 내면 그냥 바로 받잖아.

길벗 : 그런데?

체스 : 내가 위조지폐를 냈는지 진짜 돈을 냈는지 어떻게 알아?

기린 : 넌 왜 그렇게 인생을 피곤하게 사냐…

길벗 : 하루에 받는 돈이 얼만데 그거 다 확인하고 있냐…

체스 : …에휴 니들이랑 무슨 얘기를 하냐…

여행을 하다보면 현금을 낼 때 꼬박꼬박 확인을 하는 나라들이 있다. 위조지폐 유통량이 많은 국가들이 그렇다. 우리나라는 카드 및 IT 인프라가 발달해서 현금 사용량이 크게 줄어들었지만, 예전에는 밝은 빛에 돈을 비추어서 세종대왕님을 찾는 사람들도 있었다.

현금은 사실 종이다. 현금 제조 기술은 인쇄기술에 해당한다. 흰색 도화지에 실제 10,000원권과 똑같은 형식으로 그림을 그렸을 때, 10,000원과 그림을 구분할 수 있는 방법은 무엇일까? 그림체나 크기 등 육안으로 뚜렷하게 구별할 수 있는 특징이 있다면 비교가 가능하겠지만, 그림이 실제 지폐와 감쪽같이 똑같다면 위의 특징들로 구분하기 어려워진다. 지폐에 특정 그림을 숨겨두는 것은 남들이 쉽게 흉내낼 수 없는 기술을 종이에 적용하여 위조지폐와의 차별점을 갖기 위함이다. 만약 그 기술을 쉽게 모방할 수 있다면, 또 다른 기술을 찾아야 한다. 이러한 이유로 현금 제작에 들어가는 비용은 만만치 않다.

현금을 특수 제작된 종이라고 가정한다면, 우리는 아무 의심없이 이 특수 종이에 특별한 권위를 부여하여 유통시키고 있는 셈이다. 현금의 권위는 어디서부터 올까? 바로 국가이다. 국가는 경제 상황에 따라 현금 발행량을 정하고, 시장에 유통시킨다. 화폐 발행량을 잘 조절하지 않으면 극심한 인플레이션과 같은 문제가 발생한다. 짐바브웨 같은 경우, 화폐 가치가 지나치게 낮아 빵 하나를 사기 위해 몇 뭉치의 현금을 지불해야 한다.

지폐 형태의 화폐의 또다른 문제점은 추적이 불가능하다는 것이다. 뉴스를 통해 불법 자금이 사과 박스 안에 담겨 전달되는 사건들을 심심치 않게 볼 수 있다.

블록체인이란 말의 의미

팟캐스트 '블록킹' 1화 참고

독자1 : 아니 근데 이 양반들아, 블록체인 책에서 왜 블록체인 설명을 안 해?

기린 : 네?

독자2 : 아니 도대체 블록체인은 언제 설명할 거야? 한참 읽었는데도 안 나오니 지
         겨워 죽겠네.

췌스 : 아, 이제 설명하려고요. 이게 다 이유가 있어서 그래요.

독자1 : 당장 알기 쉽게 설명 좀 해줘요.

길벗 : 네, 지금부터 시작합니다.

드디어 블록체인에 대해 설명을 할 차례다. 아마 많은 독자분들이 왜 장부나 현금에 대해 이토록 장황하게 설명을 하는지 궁금해했을 것이다. 이런 의문에도 불구하고 앞서 자세하게 설명한 이유는 이를 이해하지 못 하면 블록체인에 대해 이해할 수 없기 때문이다.

블록체인이란 용어를 처음 들었을 때, 컴퓨터 전문가라 하더라도 바로 이해하는 사람은 많지 않을 것이다. 관련 연구를 몇 년씩 한 사람들도 블록체인에 대해 이야기 할 때 어려움을 겪는다. 이 용어가 어려운 이유는 의외로 단순하다. '블록'과 '체인' 두 단어 모두 평소에 잘 쓰지 않는데, 이 두 용어가 결합되어 있어 매우 어색하게 느껴지는 것이다. 하나하나 따져보면 특별히 어려운 용어가 아닌데 한자어 및 익숙하지 않은 단어의 조합 때문에 어렵게 느껴지는 경우가 많지 않은가.

블록체인을 '블록'과 '체인'으로 나누어 생각해보자.

'블록' 하면 떠오르는 예문은 다음과 같을 것이다.

길벗 : 아저씨 죄송한데요. 이 근처에 삼겹살 잘하는 집 있다고 들었는데, 혹시 아세요?
행인1 : 아, 거기요 ? 이 방향으로 한 '블록'만 더 가시면 오른쪽에 있습니다.
길벗 : 아~ 감사합니다.

학창시절 영어 듣기평가에도 자주 나오는 예문이다. 이처럼 우리나라 사람들에게는 블록이라는 단어가 특정 구역을 통칭하는 의미로 자주 쓰인다.

그렇다면 체인은 어떨까? 체인은 자전거를 타는 사람들이라면 익숙한 단어일 것이다. 자동차 스노우 체인을 아는 사람도 많을 것이다. 이처럼 체인이란 용어는 쇠사슬로 엮인 물체를 연상시킨다.

이 두 용어를 결합한 '블록체인'에서 연상되는 것은 무엇일까? 일반 사람들 중에 명확한 이미지나 개념을 떠올리는 사람은 거의 없을 것이다. 블록체인이 가지고 있는 실제 의미를 떠나 용어가 주는 이질감 때문에 더욱 헷갈리기 쉽다. 이 지점이 우려스럽기도 하다. 평범한 기술도 용어가 주는 이질감 때문에 그 의미가 크게 부풀려질 수 있기 때문이다. 실제로 블록체인은 현재 기술 수준보다 많이 과장되어 알려져있다는 지적이 있다. 기술을 제대로 이해하지 못한 상태에서 어려운 용어 및 내용들을 접하면 그 자체를 기술적 우수성이라고 잘못 인식하는 경우가 많다. 본질적인 부분을 이해하지 못한 상태에서 각종 '코인'을 사면, 금전적 손실로 이어지기 쉽다. 따라서 용어가 어렵더라도 기술의 본질을 이해하는 것이 우선이다.

서두에 언급한 내용들을 다시 한번 생각해보자. 우리는 앞서 '가계부', '은행 장부' 등 각종 장부에 대한 사례들을 제시했다. 다소 장황하게 '장부'에 대한 이야기를 한 이유는 '블록체인'의 본질이 '장부'이기 때문이다. 장부는 장부인데 특별한 규칙을 가진 장부이다. 이 특별한 규칙은 장부를 작성하는 기존 규칙에 문제가 있었기 때문에 만들어졌다. 기존 장부의 작성 규칙을 이해해야 문제를 이해할 수 있고, 문제를 이해해야 블록체인이 탄생한 이유를 알 수 있다. 이때문에 자칫 연관이 없어보이는 '가계부'와 '장부'에 대해 길게 설명한 것이다.

블록체인을 '장부'라는 단어로 표현해 실망하시는 분들이 계실 수 있다. '장부'는 온라인이든 오프라인이든 보편적으로 쓰이는 것인데 군이 신기술로 여겨지는 것이 의아할 수도 있다. 더군다나 각종 기사에서는 블록체인을 4차산업 혁명에 비유하며, 모든 것을 연결시킬 수 있다는 내용을 다뤄오지 않았던가. 일상에서 흔히 볼 수 있는 장부와 비교를 하니 블록체인의 장점이 두드러지지 않을 수도 있다. 자, 그렇다면 지금까지 논의한 기존 장부들의 특징과 그에 대한 문제들을 나열하며 다시 한번 생각해보자.

> • 기존 장부는 현금과 분리되어 있다. → 불일치할 시 일일이 대조해봐야 한다.
>
> • 기존 장부는 단 하나밖에 존재하지 않기 때문에 잘 숨겨야 한다. → 남들이 열기 힘든 금고를 사기 위해 비용을 많이 지불해야 한다.
>
> • 기존 장부는 수정이 쉽다 → 은행의 경우처럼 장부가 중요해질수록, 범죄에 노출될 확률이 높아진다.
>
> • 기존 장부는 내부자에 의해 조작이 가능하다. → 가능성은 적지만, 내부자에 의한 자금 유출이나 해킹이 발생하기도 한다.
>
> • 은행 시스템과 같이 이해 관계가 얽혀있는 기관들 간의 거래 시, 서로 시스템이 연동되지 않아 제 3자가 필요하다. → 제 3시스템과 연결하는 시스템 구축 및 운영 비용이 들어간다. 이는 사용자가 부담한다.

이러한 단점이 나타나는 공통적인 이유는 '중앙화'된 시스템에 있다. 가계부든 은행 장부든 작성하는 주체가 하나이다. 따라서 기존에 장부를 안전하게 보관하는 방법은 남들이 보이지 않는 곳에 꽁꽁 숨겨놓는 것이다. 우리가 비상금을 숨길 때 책 사이에 끼워넣거나, 서랍 깊숙한 곳에 보관하는 것들이 이에 해당한다. 은행과 관련하여 조금 더 어려운 용어로 설명하자면, 보안을 위해서는 우리가 일반적으로 쓰는 인터넷망이 아니라 내부망을 통하여 데이터가 전송되어야 한다. 내부망 구축 및 운영에는 많은 비용이 필요하고, 다른 기관과 연계를 하기 위한 연결망 구축 비용의 부담 또한 크다.

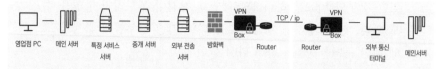

A 지점

블록체인은 이러한 금융시스템에 180도 다른 관점으로 접근하여 기존 문제를 해결하는 시스템이다. 주요 특징은 다음과 같다.

- 장부가 곧 현금이다.
- 반드시 장부를 작성하기 위한 검증작업을 거친다.
- 모든 장부의 내용은 공개된다.
- 모든 참여자는 동일한 장부 내용을 공유하게 된다.
- 중앙기관이 존재하지 않는다.
- 제 3기관도 존재하지 않는다.
- 익명의 참여자들 간 거래를 한다.
- 내부망이 아닌 일반 인터넷망을 활용하여 거래한다.

우리가 선뜻 이해할 수 없고 받아들이기 어려운 내용들이 많다. 어떻게 장부와 현금이 일치할 수 있을까? 장부를 검증한다는 것은 무엇일까? 장부는 숨겨놔야 하는 데, 어떻게 공개될 수 있는 거지? 동일한 장부를 어떻게 똑같이 공유할 수 있는 것이지? 중앙기관 없이 어떻게 운영될 수 있지? 등등 기존 시스템과 연관시켜가며 여러 가지 모델을 상상해보지만 쉽게 답이 나오지 않는 것이 현실이다.

기존의 금융은 숨김으로써 안전성을 확보했다면, 블록체인은 공개함으로써 안전성을 확보한다는 것이 가장 큰 특징이다. 이러한 특징을 이론만으로 이해하려고 하면 매우 어렵다. 잘 이해되지 않는 이론만 붙잡고 있지 말고, 우리가 오프라인 세상에 블록체인을 만든다고 가정해보면 어떨까?

1장을 정리하며

 앞서 여러 이야기를 했는데, 처음에는 다소 혼란스러울 수 있다. 다만, 이것만은 꼭 기억하자. 블록체인은 달나라의 이야기가 아니다. 우리 일상에서 일어나는 문제를 조금 다른 관점에서 해결하는 방식 중 하나이다.

 블록체인을 접하는 초심자들이 흔히 범하는 오류가 있다. 블록체인만 있으면 뉴스에서 나오는 과장된 미래를 손쉽게 가질 수 있다고 생각하는 것이다. 그러나 블록체인 기술이 나오게 된 배경은 기존의 장부 문제를 해결하려는 것에 있다. 장부의 문제를 해결하기 위해 나온 블록체인을 여러 방면으로 응용하려는 시도가 많을 뿐이다. 따라서 블록체인의 본질적인 탄생 배경 및 특징에 대해 충분히 이해할 수 있어야 한다. 수학도 덧셈, 뺄셈, 곱셈, 나눗셈부터 차근차근 배워야 복잡한 방정식을 배울 수 있는 것처럼 블록체인 기술도 차근차근 접근해야 한다.

블록킹 재밌는 에피소드

길벗 : 안녕하세요. 길벗의 코인산책입니다.
　　　오늘도 재미난 커뮤니티 글 읽어드리겠습니다.
　　　첫번째 소식입니다. 체스님이 보내주셨네요.

"아 한창 벚꽃 피는 봄날, 내 잔고는 바닥 모르고 떨어져만 가는구나. 수온 올라 얼음 녹은 지금, 한강 가서 다음 생을 기약할까 하노라"

아이고… 요즘 장이 안 좋아서 많은 분들이 힘들어 하시네요. 그래도 힘든 마음을 시조 형식으로 승화하신 것이 눈에 띕니다. 대단하세요.

아… 이게 끝이 아니네요. 뒤에 뭔가 뭐 쓰여있는데요…

"까불지마"

아 네… 힘내시길 바랍니다.

2장

블록체인의 구성 요소 및 원리

블록체인 설계는
누가할까?

체스 : 근데 갑자기 궁금한 게 생겼어.

길벗 : 뭔데?

체스 : 이 세상은 누가 만들었을까?

기린 : 드디어 체스님의 정신이 나갔습니다. 공부를 많이 하더니 정신이 나갔네...

길벗 : 병원이라도 가봐.

체스 : 나 진지해. 궁서체야. 산은 산이고 물은 물이로다.

　　　이 세상은 그 누가 만들었나... 조물주의 뜻 누구도 알 수 없구나.

기린 : 세상을 누가 만들었는지 알려면 블록체인을 누가 만들었는지부터 설명해라.

길벗 : 저러니 친구가 없지...

체스 : 어허...

일반인들을 상대로 하는 블록체인 관련 강연에 참석해보면, 종종 블록체인을 누가 만들었는지 묻는 분들이 계신다. 블록체인이란 기술 자체를 이해하는 것도 힘든데, 그것을 만들기까지 하는 사람은 도대체 누굴까 궁금해하는 것이 이해가 된다.

블록체인을 만든 사람에 대한 질문은 서두에 제시한 '세상은 누가 만들었을까?'처럼 심오한 것은 아니다. 세상의 창조 목적을 찾는 것은 어렵지만, 블록체인은 분명한 목적성이 있기 때문이다. 이 목적성은 '백서(Whitepaper)'라는 자료에 명시되어 있다.

블록체인의 설계자를 찾는 질문에 대해 이렇게 생각해보자. 1장에서 블록체인을 '장부'에 비교했다. 그럼 '장부'를 만든 사람은 누구일까? '장부'라는 단어가 어렵다면 '가계부'라는 용어로 생각해보

CASH BOOK

1.19 토요일

현금 수입지출내역   4건

내역	금액	비고
● 용돈 출금	출금 20,000	
● 술값	지출 45,000	
● 자동차 기름값	지출 40,000	
● 목욕비	지출 8,900	

수입, 인출 :   20,000원   지출, 저축 :   93,900원

현금잔액 : 1, 756,289원

금전일정	●전체일정 ○금전일정
● 금전관리 완료할것	[완료]
● 반지의 제왕(★★★☆)	
● 매일보내가 - 중복메일 삭제할것	[완료]

은행계좌 수입지출내역   2건

계정	금액	계좌	비고
● 도서구입비	출금 35,000	상업은행	상도 전권
● 용돈출금	지출 20,000	신한은행	

입금, 저축 :   0 원 출금, 인출 :   55,000원

전체계좌잔액 : 341,528원

신용카드 사용내역   1건

계정	금액	카드명	비고
● 선물구입비	3개월 56,000원	외환BC	양주...

합계 :   56,000원

1월 총 사용액 : 256,000원

그래프   월별사용내역 ▽

	11월	12월	1월
현금수입	0원	1,823,000원	573,300원
현금지출	0원	222,100원	374,420원
계좌입금	0원	300,000원	2,423,688원
계좌출금	50,000원	50,000원	2,198,430원
신용카드	0원	340,040원	256,000원

자. 이를 출발점으로 삼으면 이해가 쉽다.

'가계부'는 필기 노트의 변형된 형태라고 볼 수 있다. 금전 정보를 조금 더 편리하게 쓸 수 있도록 표와 같은 형식 등이 추가되어 있다. '가계부'를 만든 사람은 금전 정보를 편리하게 기입할 수 있는 물건이 필요하다고 느낀 사람일 것이고, 이를 일반사람들이 널리 써주길 바랐을 것이다.

블록체인 역시 마찬가지다. 블록체인을 '장부'라고 본다면, 평소에 이러한 장부가 필요하다고 느낀 사람이 만들었을 것이다. 나아가 사물인터넷에 최적화된 블록체인이 나왔다면, 사물인터넷 전용 장부가 필요한 사람이 만들었을 것이라 짐작할 수 있다. 블록체인 설계에 거창한 이유는 없다.

그런데 왜 우리는 블록체인의 설계자에 대해 유독 많은 관심을 기울이는 것일까? 익숙하지 않기 때문이다. 대부분의 사람들에게 블록체인은 낯선 개념이기 때문에 매체에서 대단한 기술이라고 포장을 하면, 본질에 대해 탐구하기보다 보여지는 그대로 믿기 쉽다. 동작하는 방식에 대해 정확히는 모르지만 일단 대단한 기술로 받아들이게 되는 것이다.
블록체인을 '누가' 만들었는지보다 '왜' 만들었고 '어떻게' 만들어지는지에 대해 주목해야 한다. 블록체인의 동작 방식과 블록체인의 발전 과정은 기존 산업과는 차이가 있기 때문이다. 그리고 이 차이가 블록체인 혁신의 핵심이라고 볼 수 있다.

자발적 참여자의
역할 배분

팟캐스트 '블록킹' 135-2화 참고

(상황극 - 명절날, 집앞 놀이터)

체스(32세) : 소원대로 놀이터에 왔는데 뭐하고 놀까?

큰 조카(7세) : 우리 소꿉놀이 하자.

둘째 조카(4세), 막내 조카(3세) : 그래 좋아

체스 : 그거 어떻게 하는 건데?

큰조카 : 내가 아빠고 체스 삼촌이 아들이야.

체스 : 뭐라고 ? 내 나이가 몇 인데...

둘째 조카 : 그럼 내가 여자니까 엄마할게

막내 조카 : 난 그럼 체스 삼촌의 형 할래.

체스 : 에휴… 니들이랑 놀이터 온 내가 잘못이지… 나 집에 간다~.

큰 조카, 둘째 조카, 막내 조카 : 아~ 나쁜 삼촌!

누구나 어렸을 적 소꿉놀이를 해본 경험이 있을 것이다. 소꿉놀이의 배경은 병원이 될 수도 있고 집이 될 수도 있다. 병원이라면 의사와 간호사 역할이 있을 것이고, 집이라면 아빠, 엄마, 자식들(자식들은 아무도 안하려고 한다.)이 있을 것이다. 소꿉놀이는 보통 놀이를 제안한 사람이 룰을 만들고 나머지 참여자들은 그 룰을 따른다. 만약 룰이 좋으면 재미없다고 나갈 것이고, 룰이 좋으면 옆에서 구경하던 동네 친구들도 참여하게 된다. 소싯적 소꿉놀이를 조직해본 경험이 있다면, 여러 사람들이 참여했을 때의 보람은 말로 표현하지 못할 정도라는 것을 알 것이다.

블록체인을 설명한다면서 자꾸 뚱딴지 같은 소리를 한다고 오해할 수 있지만, 1장에서 계속 언급했듯 용어의 늪에 빠져 본질을 놓치지 않기 위해 친근한 일화를 예로 든 것이다. 블록체인 네트워크는 소꿉놀이와 비슷한 점이 아주 많다.

1. 조직을 하는 그룹이 있다.
2. 목적이 있다.
3. 목적에 맞는 역할이 있다.
4. 누구나 참여할 수 있고, 언제든 그만둘 수 있다.
5. 많은 참여자를 모을수록 이익인 경우가 많다.

하나씩 살펴보자. 우선 조직을 하는 그룹이 있다. 소꿉놀이를 하기 위해서 무언가 놀이를 하고자 하는 사람들이 있을 것이고, 그 사람들이 룰을 만들게 된다. 블록체인도 마찬가지다. 위에 언급했듯 어떠한 장부를 만들고자 하는 그룹이 처음 시작을 하게 된다.

둘째는 목적이다. 소꿉놀이는 재미를 목적으로 하지만, 특정 사회의 모방을 그 목적으로 볼 수도 있다. 소꿉놀이에는 가족, 은행, 학교 등 모방할 사회가 존재하고 어떠한 사회를 모방하느냐에 따라 역할이 정해진다. 가족이라면 아빠, 엄마, 자식들이 있을 것이고 학교라면 선생님과 학생들이 있을 것이다. 각각 자신이 하고 싶은 역할을 할 수도 있고, 리더가 특정 역할을 부여해주기도 한다.

블록체인도 마찬가지다. 많은 사람들이 블록체인이 단일한 기술이라고 오해하고 있다. 하지만 블록체인은 제 3기관을 거치지 않는 P2P 형태의 송금 네트워크를 이루고자 하는 뚜렷한 목적을 가지고 있다. 좀 더 쉽게 이야기하면, 은행을 제외하고 개인 대 개인으로 돈을 주고받는 것을 목적으로 한다는 뜻이다. 은행이 없는 상태에서 돈을 보내기 위해서는 나름의 역할이 필요하다. 이 역할은 블록체인을 처음 시작한 그룹에서 정하게 된다. 물론 바꿀 수도 있다. 소꿉놀이도 하다가 더 재미있도록 룰을 바꾸듯이 블록체인도 개선점이 있다면 룰을 바꾸기도 한다. 소꿉놀이가 단일한 놀이라고 할 수 없듯이, 블록체인도 단일한 기술이 아니다. 그 안에는 특별한 목적과, 역할이 있고 그에 따라 여러 형태가 존재할 수 있다. 이를 받아들이는 것으로부터 블록체인의 탐구가 시작된다.

넷째는 누구나 참여할 수 있고, 언제든 그만둘 수 있다. 소꿉놀이를 하다보면 중간에 집에 가는 사람들이 나타난다. 또, 새로운 사람들이 언제든 참여할 수 있다. 블록체인도 마찬가지다. 누구든 참여할 수 있고, 언제든 그만둘 수 있다. 간혹 블록체인에 대해 공부를 많이 하신 분이(그 분들이 이 책을 읽을리는 없을 것이다.) 폐쇄형 블록체인에 대해 이야기할 수도 있다. 그런데 폐쇄형 블록체인은 누구나 참여를 할 수 있는 본래의 블록체인 규칙을 자신들의 목적에 따라 변형한 것이다. 뒤에 자세히 언급하겠지만, 이를테면 소꿉놀이에서 모르는 이웃들은 참여하지 못하도록 규칙을 정한 것이다. 폐쇄형 블록체인에 대해서는 블록체인 기술의 성장 과정에서 자세히 다룰 예정이다. 하지만 기본적으로 블록체인은 모두에게 개방되어 있다고 보는 것이 좋다. 이것을 개방형 블록체인이라고 하고, 퍼블릭 블록체인이라고도 한다.

지금까지 블록체인과 소꿉놀이의 공통점을 살펴봤다면, 이제는 블록체인을 어떤 소꿉놀이에 비유할 수 있을지 생각해볼 차례다. 블록체인은 '금융' 소꿉놀이라고 볼 수 있다. 왜 하필 금융 소꿉놀이를 만들어야 하는지 의문이 들 수도 있다. 그것은 만든이의 마음이다. 학교와 관련된 소꿉놀이를 하고 싶어하는 아이가 처음 규칙을 만들 듯, 블록체인도 금융 관련된 소꿉놀이를 하고 싶어하는 이가 최초의 규칙을 만들었다. 그리고 이 규칙이 마음에 든 사람들이 모여 블록체인에 참여하게 된 것이다.

자신이 금융 소꿉놀이를 조직한다면 어떠한 규칙을 만들 것인지 생각해보자. 단, 하나의 조건이 있다. 은행이 없다. 개개인이 자금을 보낼 수 있는 금융 규칙을 만들어내는 것이 목적이다. 반드시 1분 이상 생각해보고, 다음의 역할들을 살펴보자.

손님   가게   검증자

1. 손님 : 이 금융 시스템을 이용한다.
2. 가게 : 손님으로 부터 돈을 받는 역할을 한다.
3. 검증자 : 손님이 가게에 지불한 돈이 정당한 지 확인하는 역할을 한다.

여기서 검증자가 은행의 역할을 하게 된다. 역할을 나눴으면 금융 규칙 또한 정해야 한다.

151번째 장부 *Note*

No.	From.	To.	Amount.	Time	Memo	Sign
0000014	김철수	김영희	10,000	2016.08.16 20:00:01	닭꼬치	ABC
0000513	이현우	최기선	30,000	2016.08.16 20:15:01		AWE
0006414	윤선균	배기명	15,000	2016.08.16 21:00:01	발린돈	QWT
0000386	김희선	이유희	30,000	2016.08.16 22:05:01	빌금	ZXC

152번째 장부 *Note*

No.	From.	To.	Amount.	Time	Memo	Sign
151번째 장부 특징 총 거래액 : 100000 총 거래 건수 : 760건						
0006414	윤선균	배기명	15,000	2016.08.16 21:00:10	발린돈	QWT
0000386	김희선	이유희	30,000	2016.08.16 22:05:01	빌금	ZXC
0001657	남진성	마길홍	45,000	2016.08.16 06:00:01		OPD
0099213	진우혁	김혁진	85,000	2016.08.16 07:15:01		XPD
0001132	이정협	박준범	22,000	2016.08.16 09:00:10	시험	HJS

1. 금융 활동은 '노트'와 '쪽지'로 이루어진다.
2. 검증자는 노트에다 자산의 이동현황을 적는다.
3. 만약 손님이 가게에 1,000원을 보내기 위해, 1,000원을 쪽지로 보내 근처에 있는 검증자에게 전달한다.
4. 검증자는 손님이 진짜 1,000원을 가지고 있는 지 장부를 확인한다.
5. 만약 검증자가 다수라고 한다면(A, B, C, D, E) 쪽지를 옆사람에게 돌려서 모두 자신의 장부를 확인하게 한다.
6. 손님이 정말 1,000원을 가지고 있다면, 손님의 1,000원을 가게로 보냈다고 장부에 적는다.

이렇게 어렵게 역할과 규칙을 나누었다. 실제 블록체인의 동작 과정 중 상당 부분을 제외한 것인데도 여전히 복잡하다. 새로운 금융 체계를 만들기 위해서는 단계 및 규칙을 정하기 위한 매우 복잡한 과정이 필요하다. 실질적으로 이 세상에 없는 새로운 기술을 만드는 것은 아니다. 다만 투명한 금융 체계를 만들기 위해 여러 상황들을 가정하다보니 복잡도가 증가한 것이다.

하지만 표면적으로 보이는 문제가 있다. 가장 큰 문제는 아무도 이 복잡하고 어려운 소꿉놀이에 참여하지 않는다는 점이다. 둘째는 소꿉놀이에 쓰일 '화폐'가 없다는 점이다.

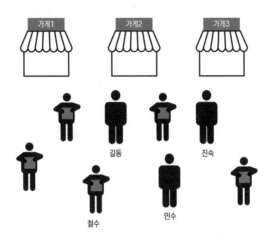

세상엔 공짜가 없다
- 인센티브, 오해와 진실

팟캐스트 '블록킹' 28-1화 참고

(상황극2 - 명절날, 집앞 놀이터)

큰조카(7세) : 뭐야~ 삼촌 말 듣고 어려운 소꿉놀이하다가 친구들 다 도망갔잖아.

체스(32세) : 미안하다...

둘째 조카(4세), 막내 조카(3세) : 아, 재미없어...

체스 : 그럼, 이 소꿉놀이 계속하면 삼촌이 학종이 줄게.

큰조카 : 학종이 ?

체스 : 응~ 나중에 이 학종이를 갖고 있으면 부자가 될 수 있어.

둘째 조카 : 거짓말~ 그거 어디다 쓰는데?

막내 조카 : 맞아~ 어디다 쓰는데?

체스 : 이거 나중에 근처 슈퍼에서 아이스크림도 사 먹을 수 있어.

큰조카 : 아 됐어, 안 해…

체스 : (역시 요즘 애들은 빨라…)

블록체인 관련 뉴스에서 가장 자극적인 것은 암호화폐 투기 내용이다. 평범한 직장인이 암호화폐를 채굴하여 거액을 손에 쥐고 회사를 그만두었다든지, 투기에 실패하여 목숨을 끊었다든지 하는 내용들이 많다. 블록체인과 암호화폐를 분리할 수 있느냐 없느냐에 대한 논쟁도 계속되고 있다. 블록체인과 암호화폐와의 관계를 이해하기 위해, 앞서 시작한 '소꿉놀이'를 다시 한번 전개해보자.

보통 이해하기 어려운 게임에는 잘 참여하지 않는 법이다. 더군 다나 위에 제시된 '검증자'는 거래 시 장부를 꼼꼼하게 확인해야 하는 데 이러한 귀찮은 일을 떠맡을 사람은 없다. 그래서 고안된 것이 '보상'이다. 소꿉놀이를 한다고 현금을 주기는 어렵다. 대신 소꿉놀이에서 활용할 수 있는 학종이를 검증자에게 주는 것이다. 이 학종이는 소꿉놀이에서 통용되는 '화폐'이다. 애초에 이것은 오프라인 상에서 유통되는 현금을 염두하고 만든 것이 아니다. 자체 화폐 시스템을 만들기 위해 고안된 것이다. 그렇다면 왜 학종이가 사회적 이슈가 될 정도로 부각된 것일까? 다음의 이야기를 보자.

체스, 길벗, 기린은 사이 좋게 블록체인 소꿉놀이를 하고 있었다. 학종이를 화폐삼아 자기들끼리 물물 교환도 했다. 처음엔 조개껍질, 흙, 모래 등과 같은 소소한 물건과 학종이를 교환하다 호주머니에 있는 껌 하나와 학종이를 교환하기도 했다.

놀이를 지켜보던 철수도 함께 하고 싶은 마음이 들었다. 철수가 같이 놀고 싶다고 하자 체스, 길벗, 기린은 자유롭게 참여해도 된다며 허락했다. 넷이서 열심히 놀고 있자니 옆마을에 사는 친구들도 찾아와 같이 놀자고 했다. 여기서 흥미로운 것은 호기심 많은 영희가 학종이와 콜라를 교환하자고 한 것이다. 이렇게 물물교환의 범위가 확장되면서, 학종이의 가치는 점차 올라갔다.

놀이의 규모가 커지자 더 많은 마을 사람들에게로 물물교환이 퍼져나가기 시작했다. 처음엔 주로 학종이와 물건의 교환이 이루어졌지만, 점점 현금과 학종이의 거래가 많아졌다. 학종이의 가치가 올라가면서, 학종이를 미리 사두면 나중에 더 많은 물품과 교환할 수 있다는 기대가 생겨났기 때문이다. 이러한 과정이 거듭되면서 처음에는 콜라와 교환되던 학종이가 어느새 피자 한 판과 교환될 수 있게 되었다.

시간이 지나면서 더욱 재밌는 현상이 발생했다. 현금을 쌓아두고 학종이와 교환을 해주는 사람들이 생겨난 것이다. 하나의 놀이에서 새로운 경제 생태계가 탄생했다. 학종이로 현금과 각종 상품들을 사고 팔 수 있게 된 것이다. 비로소 어떠한 참여 제한도 없는 자발적 경제 생태계가 탄생했다.

생태계가 급속도로 커지면서 그만큼 큰 부작용이 나타났다. 학종이와 현금을 교환해주던 길동이 동네 불량배에게 돈을 모두 빼앗기게 된 것이다. 길동에게 돈과 학종이를 맡겼던 친구들은 돈을 찾을 수 없게 됐다. 뿐만 아니라, 학종이와 현금을 교환해준다고 해놓고 아예 도망가버린 사람들도 심심치않게 나타났다.

처음엔 그저 아이들 장난으로 여겨 아무런 제재도 가하지 않았던

동네 어른들은 사태가 심각해지자 어떤 조치를 취해야겠다고 생각했다. 그런데 이 놀이가 하나의 마을을 넘어 대규모 놀이가 되어버리자 어떻게 손봐야 할 지 막막했다. 자발적 경제 생태계에서 유통되었던 학종이는 물물 교환의 기준이 되었고, 책임자가 존재하지 않는 이 놀이를 중단시키기에는 너무 늦었다는 것을 깨닫게 된 것이다.

이것은 블록체인의 형성과 발전 단계를 상징적으로 보여주는 이야기다. 사람들이 주목한 것은 블록체인이 아니라 '학종이'에 해당하는 '암호화폐', 즉 '비트코인'이다. 최근에는 비트코인의 거래가에만 관심이 집중되고 있다. 하지만 위 사례에서 볼 수 있듯이 비트코인은 경제 생태계를 유지시키는 하나의 수단일 뿐이다. 이것이 전부가 되어서는 안 된다. 블록체인이 무엇을 위해 만들어진 시스템이고, 어떻게 동작하는지를 정확하게 알아야 이 시스템을 발전시키거나 혹은 규제할 수 있다.

이제 다시 '비트코인'이란 용어 대신 '학종이'란 용어로 경제 생태계 및 화폐 체계에 대해 생각해보자.

'학종이가 탄생하게 된 이유는 무엇일까?'

문제에 대한 답을 찾기 어렵다면 질문을 조금 바꿔보자.

'학종이는 생태계에서 어떠한 기능을 하는가?'

학종이의 기능을 알면, 학종이의 필요 이유 또한 알 수 있다. 위 놀이를 토대로 본 학종이의 기능은 크게 두 가지다.

1. 화폐(물물 교환의 기능)
2. 보상

여기서 우리는 '화폐'의 의미를 되새겨보아야 한다. 놀이를 할 때 실제 유통되는 원화를 쓰지는 않는다. 원화를 이용하게 되면 곧 금전거래가 되기 때문이다. 원화 거래에서 소득이 발생하는 경우 세금을 내야하며, 중앙기관의 영향 아래 놓이게 된다. 애초에 놀이는 원화와 같은 법정화폐를 염두에 두고 시작되지 않았다. 단지, 새로운 금융 생태계를 만들기 위한 실험적인 성격이 강했다. 여기서의 화폐는 화폐의 기능을 가진 어떠한 수단이라는 것이지 법적인 영향력을 갖는 화폐를 의미하는 것은 아니다. 화폐가 가지는 속성 중 물물 교환의 기능을 가진 것뿐이다. 만약 '학종이' 시스템의 사회적인 영향력을 공인된 기관에서 인정하면 법적 효력을 갖게될 것이다. 하지만 그 전까지 화폐로 규정하기는 어렵다. 위의 일화를 보면 각국 정부가 암호화폐를 바라보는 방식이 제각각 다른 이유를 알 수 있다.

우리는 '학종이'의 화폐 기능보다 새로운 보상체계라는 점을 주목해야 한다. 그래야 블록체인의 금융 생태계를 바르게 이해할 수 있다. 이 거대한 놀이의 뒤에는 아주 재밌는 규칙이 하나 존재한다. 앞서 제시한 규칙을 다시 한번 생각해보면 기존의 금융시스템과 다른 점을 발견할 수 있을 것이다.

1. 금융 활동은 '노트'와 '쪽지'로 이루어진다.
2. 검증자는 노트에다 자산의 이동현황을 적는다.
3. 만약 손님이 가게에 1,000원을 보내기 위해, 1,000원을 쪽지로 보내 근처에 있는 검증자에게 전달한다.
4. 검증자는 손님이 진짜 1,000원을 가지고 있는 지 장부를 확인한다.
5. 만약 검증자가 다수라고 한다면(A, B, C, D, E) 쪽지를 옆사람에게 돌려서 모두 자신의 장부를 확인하게 한다.
6. 손님이 정말 1,000원을 가지고 있다면, 손님의 1,000원을 가게로 보냈다고 장부에 적는다.

우선 화폐 단위가 잘못됐다. 우리는 학종이를 교환하기로 했는데, 여기에는 1,000원이 적혀있다. 1,000원은 국가가 지정한 법정화폐이고, 이를 놀이에 쓰면 여러가지 법률문제가 발생할 수 있다. 그래서 실제 1,000원은 쓸 수 없다. 우리는 놀이 내에서 쓸 수 있는 화폐를(정확히 말하면 화폐처럼 쓰일 수 있는 수단) 만들어야 한다.

여기서 또 하나의 문제가 있다. 학종이는 어디서 발행되는 것일까?

소꿉놀이는
소꿉놀이가 아니다

기린 : 근데 나 걱정이 하나 있어.

길벗 : 뭔데?

기린 : 지금 우리 블록체인에 대해 너무 안 좋게 얘기 하는거 아니야? 블록체인을
소꿉놀이에 비유하면, 사람들이 지금 장난하나? 라고 생각할 수도 있을 것
같은데…

체스 : 블록체인을 소꿉놀이에 비유하는 것은 블록체인이 장난이라는 의미가 아니라
여러 형태로 발전할 수 있다는 얘기를 하기 위한 거니까 독자분들도
이해해주실 거야. 그리고 지금부터는 왜 블록체인이 대단한지 설명할 거고.

지금까지 이야기했던 내용은 인센티브 체계에 관한 것이다. 소꿉놀이의 규칙이 너무 어려워 아무도 참가를 하지 않으니, 학종이라는 화폐를 보상으로 주기 시작하였고, 이것이 실제 상품과 교환되기 시작하면서 가치가 형성되었다. 블록체인으로 바꿔 얘기하면 코인을 참여에 대한 보상으로 주고 이것이 거래되면서 가치가 형성된 것이다.

이제부터는 블록체인의 보상체계가 이토록 사람들을 유인할 수 있었던 이유에 대해 얘기해보려 한다. 우선 아래의 내용을 간단하게 살펴보자.

> 1. 중앙기관이 없다.
> 2. 익명이다.
> 3. 모두 동일한 노트(장부)에 동일한 내용이 기록되어 있다.

블록체인이란 놀이는 나오자마자 주목받은 것이 아니다. 2009년에 비트코인이 처음 나왔고, 한국에 비트코인 거래소가 생긴 것은 2013년의 일이다. 물론 거래소가 생겼다고 해서 바로 세간의 이목을 끈 것은 아니다. 블록체인은 긴 검증의 시간을 거친 뒤 비로소 사람들의 주목을 받았다. 한국에 처음 비트코인이 소개됐을 때, 비트코인을 예전 싸이월드의 도토리와 같은 사이버머니로 생각하는 사람들도 많았다. 그도 그럴 것이 눈앞에 보이는 것은 단순한 숫자이고, 그것을 이용하는 방식 또한 특별히 새롭게 느껴지지 않았기 때문에 그렇게 느끼는 것은 당연했다. 하지만 블록체인이란 놀이 규칙을 자세히 들여다 보면, 기존 체계와의 확연한 차이점을 느낄 수 있다.

가장 두드러지는 차이점은 모든 참여자들이 동일한 노트(장부)를 갖고 있다는 점이다. 이 장부에 화폐가 이동하는 경로를 적기 위해서는 참여자들의 동의를 받아야 한다. 몇 명의 동의를 받아야 하는가라는 질문에는 놀이를 시작한 그룹에서 정하기 나름이라고 답할수 있다. 실제 블록체인마다 검증 및 합의 구조가 다르다. 세세한차이는 뒤에서 다루기로 하고 우선 참여자들 다수의 동의를 받아야 노트(장부)에 기록을 할 수 있다는 것을 알아두자. 이 규칙이 중요한 이유는 기존에 우리가 알고 있는 장부의 안전한 보관 방식을 180도 뒤집었기 때문이다.

서두에 '가계부'와 '은행 장부'에 대해 이야기한 것을 기억할 것이다. 이 장부는 금전 거래 내역이 기록되어 있기 때문에 매우 중요하다. 따라서 얼마나 안전한 곳에 보관했는 지 또한 무척 중요한 문제가 된다. 우리는 소중한 물건을 보관할 때 '꼭꼭 숨겨두는' 방식을 이용한다. 장롱 깊숙이 숨겨두거나, 금고 같은 곳에 넣어 보관을 한다. 은행도 마찬가지다. 은행의 전산망은 일반인이 접근할 수없는 깊은 곳에 위치한다. 또한 이 전산망을 감시하는 많은 장치들이 있다.

이러한 방식은 유지보수에 큰 비용이 발생한다는 문제점을 가지고있다. 기술 좋은 도둑이 금고를 열면, 더 이상 그 금고를 이용할 수없다. 더 안전한 고액의 금고를 사야 한다. 마찬가지로 전산망 해킹방식이 진화하게 되면, 그에 맞는 시스템을 구축해야한다. 큰 비용이 발생할 수밖에 없는 것이다.

그런데 블록체인이란 놀이 방식은 전혀 다르다. 블록체인 소꿉놀이 규칙은 검증 역할을 하는 참여자들 간 합의가 끝나야 장부에 기록을 할 수 있다. 철수가 영희에게 학종이 만 개를 보낸다고 가정해보자.

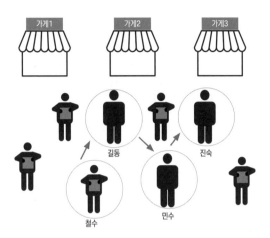

철수 : 길동아, 나 영희한테 학종이 만 개 보낼 거야.

길동 : 그래? 한 번 볼까? 음…너는 학종이 이만 개를 가지고 있네. 일단 알았어. 다른 친구들한테 물어볼게. 민수야, 철수가 영희한테 학종이 만 개 보낸대. 확인해봐.

민수 : 그래? 알았어. 음… 맞네. 진숙아, 철수가 영희한테 학종이 만 개 보낸대

진숙 : 그래? 어 알았어… 음… 맞네.

블록체인에서 거래할 때는 위와 같이 주변 참여자들에게 거래 내용을 전부 전달해야 한다. 그리고 일정의 합의를 이루어야 장부에 업데이트를 할 수 있다. 지금 이 과정에서는 어떠한 장비도 필요없다. 적을 노트만 있으면 그것으로 충분하다. 이 과정을 통해 모든 참여자들은 동일한 형태의 장부를 얻게 된다.

장부						Note
No.	From.	To.	Amount.	Time	Memo	Sign
0000014.	체스	철수	10,000	2016.08.16		ABC
				20:00:01		
0000513.	길벗	기린	30,000	2016.08.16		AWE
				20:15:01		
0006414.	영희	철수	15,000	2016.08.16		QWT
				21:00:01		
0000386.	민수	민재	30,000	2016.08.16		ZXC
				22:05:01		

이제 이 방식이 훌륭한 이유를 알아보기 위해, 철수가 거짓말을 한다고 상황을 가정해보자. 철수는 사실 보유하고 있는 학종이가 없지만 영희에게 만 개를 전달하려고 한다.

철수 : 길동아, 나 영희한테 학종이 만 개 보낼거야.
길동 : 그래? 한 번 볼까? 그거 증명해봐.
철수 : …
길동 : 너 거짓말 했지, 어디서 사기를 쳐?

여기서 철수가 길동에게 사기에 동참해달라고 요구를 하면 어떻게 될까?

철수 : 길동아, 나 영희한테 학종이 만 개 보낼거야. (눈 찡긋)
길동 : 그래? 한 번 볼까? 음… 너는 학종이 이만 개를 가지고 있네. (눈 찡긋)일단 알았어. 다른 친구들한테 물어보고… 민수야, 철수가 영희한테 학종이 만 개 보낸대. 확인해봐.
민수 : 그래? 알았어. 응? 이거 잘못된 것 같은데? 다시 한 번 확인해봐.
길동 : 철수야 안 된대.
철수 : …

적은 수가 놀이에 참여하고 있다면 어떻게든 회유를 할 수 있겠지만, 위의 대화를 통해서 알 수 있는 것처럼 놀이의 참여자가 많으면 많을 수록 거짓말을 하기 어려운 구조이다. 이러한 방식으로 인해 특별한 장치 없이도 하나의 장부를 안전하게 지킬 수 있다.

배신자가 많아진다면?
- 게임이론

팟캐스트 '블록킹' 6-2화

체스 : 요즘 비트코인의 안전에 관한 뉴스가 많이 나오네.

길벗 : 그래?

기린 : 나도 간혹 블록체인을 보안 기술이라고 오해하시는
　　　분들을 만난 적이 있어.

체스 : 블록체인을 보안 기술이라고 소개하는 분들도 계시더라고…
　　　누군가는 바로잡아야 할 텐데…

기린 : 그러다 우리 얻어맞는 거 아니야?

길벗 : 설마… 독자분들은 모두 천사이실 거야…

체스, 기린 : …

기존 장부는 남들이 절대 손댈 수 없는 곳에 안전하게 보관돼야 했다. 공격을 받을 수 있는 상황에 놓이면 안 되었던 것이다. 장부가 하나밖에 존재하지 않기 때문이다. 하지만 블록체인 방식은 기존과 180도 다르다. 모든 장부 참여자들 간에 공유되기 때문에, 특정 참여자가 공격받더라도 다른 참여자가 가지고 있는 장부를 확인해 보면 된다. 블록체인의 특징은 참여자가 공격받더라도 장부의 내용은 변함이 없다는 것에 있다.

그런데 만약 모든 참여자들이 이 놀이에 더 이상 참여하지 않으면 어떻게 될까? 그럼 이 놀이는 끝난다. 가지고 있는 학종이도 휴지 조각이 된다. 중앙기관 없이 자발적 참여자에 의해 움직인다는 블록체인의 특징은 장점임과 동시에 단점이 될 수 있다. 위에 언급했듯이 자발적 참여자가 많아지면 규제가 매우 까다로워진다. 어떠한 근거로 누구를 또는 무엇을 규제해야 할지 애매하기 때문이다.

또한 참여자들이 바람직한 방향으로 움직이지 않으면 블록체인 안에 기록되어 있는 정보들은 신뢰성을 가질 수 없다. 이는 블록체인을 신뢰하지 않는 이들이 자주 지적하는 부분이기도 하다. 서두에 언급한 보안 기술은 다른 사람이 자신의 영역에 들어오지 못하도록 방어하는 기술이라 엄밀히 얘기하면 블록체인과는 거리가 멀다. 블록체인 참여자는 언제든지 잘못된 방향으로 갈 수 있다. 다만, 다수의 참여자들에게 영향을 미치지 않는다면 참여자들이 공유하고 있는 장부에는 영향이 가지 않는다. 그렇다면 참여자들의 행동을 규제하는 장치는 없을까?

이 질문에 답을 하기 위해 조금 다른 시각의 질문을 던져보자.

이 놀이에서 참여자를 나쁜 방향으로 몰아넣어 얻을 수 있는 이익이 무엇일까? 많은 사람들이 블록체인 안에 기록된 데이터가 변형되거나, 잘못된 데이터로 있지도 않은 돈을 기록할 수 있는 권한을 얻을 수 있는 가능성에 대해 궁금해하고 있다. 놀이로 따지자면 참여자들 대다수가 연합하여 잘못된 정보를 기록하는 것이다. 여기서 고려해야 할 점은 사람들은 대개 자신이 이익이 되는 쪽으로 움직인다는 점이다. 만약 정보 조작을 통해 막대한 부를 축적할 수 있는 기회가 있다면, 얼마든지 그럴 수 있다. 하지만 현실적으로 그러지 못 하는 이유가 있다.

초창기에 블록체인 놀이를 시작한 철수, 영희, 길동, 민수는 학종이를 두둑히 모았다. 이 놀이가 신기하게 동작한다는 소리를 듣고 옆동네 친구들도 모여들었다. 콜라 등의 소소한 물건과 교환하던 학종이를 실제 현금과도 교환하기 시작했다. 놀이를 일찍 시작한 철수, 영희, 길동, 민수는 가지고 있는 학종이를 토대로 현금을 모으기 시작했다. 현금 교환은 법적인 문제로 이어질 수 있지만, 일단 제재할 수 있는 근거가 없으니 조금씩 교환했다. 철수, 영희, 길동, 민수가 학종이를 갖고 현금을 모았다는 소문을 듣고 어른아이 할 것 없이 이 놀이에 참가하기 시작했다.

그러던 어느날, 초심을 잃은 철수, 영희, 길동, 민수는 검증을 통해 장부에 기록하지 않고, 담합하여 잘못된 정보를 기록하기 시작했다. 처음에 많은 이들의 신뢰를 얻었던 이 놀이는 점점 변질되었고, 이 놀이의 실체를 안 사람들은 하나둘씩 떠나기 시작했다. 이제 아무도 학종이와 현금을 교환하려 하지 않았다. 철수, 영희, 길동, 민수는 두둑히 모아둔 학종이를 갖고 더 많은 현금을 얻을 계획을 갖고 있었지만 모든 것이 수포로 돌아갔다.

이 일화를 보면 놀이에 참여한 사람들이 담합을 할 경우 잘못된 정보를 장부에 기록할 수 있다. 이런 경우 막을 수 있는 기술적인 장치는 따로 없다. 다만, 놀이에 참여한 사람들은 특정 이익을 추구하는 데, 잘못된 행동을 하게 되면 손해를 입게 된다. 그 손해란 학종이의 가치가 떨어지게 되는 것이다.

블록체인 놀이가 시작된 것은 제 3기관을 거치지 않고 개인 간 금융 거래를 할 수 있는 체계를 만들기 위해서였다. 때문에 내부의 화폐 개념인 학종이를 갖고 거래를 진행했다. 하지만 시간이 지날수록 학종이와 실제 화폐의 거래가 활발해지면서, 학종이의 가치 또한 상승하게 됐다. 처음 설계와는 달리 놀이의 개념 및 규칙보다는 학종이와 실제 화폐 간 거래에 관심을 갖게 되고 이 놀이에 참여하는 이들이 많아지게 된 것이다. 이렇게 학종이의 가치가 계속 오르는 상황에서 참여자의 잘못된 행동으로 그 가치를 떨어뜨리면 기껏 모은 학종이는 휴지조각이 되어버린다. 이를 방지하기 위해 참여자들은 정직하게 행동한다. 블록체인 놀이가 신기한 이유가 여기에 있다. 참여자들이 모두 선하다는 전제를 두지 않더라도, 자발적으로 정직하게 행동할 수 밖에 없는 것이다.

하지만 여기서 또다른 반론을 제기할 수 있다.

만약 한 번의 변조를 통해 수천억원의 이익을 얻을 수 있다면, 그때에도 참여자들은 배신하지 않을까?

물론 배신할 수 있다. 블록체인을 유토피아적인 관점으로 바라보아선 안 된다. 실제 블록체인은 철저히 비즈니스적인 원리에 의해 돌아간다. 때문에 참여자들은 시스템이 잘 동작하는지 지속적으로 관찰해야 하며, 정해진 규칙에 문제가 없는지 끊임없이 의문을 제기해야 한다. 다시 한 번 말하지만 블록체인은 놀이다. 고정불변한 기술이 아니라 끊임없이 변형될 수 있는 새로운 놀이.

학종이 발행

팟캐스트 '블록킹' 48화

길벗 : 근데 블록체인은 착한 시스템일까?

체스 : 착한 시스템?

길벗 : 뭐.. 참여자들이 실수를 해도 한번쯤은 봐주는 그런 시스템??

기린 : 난 개인적으로 블록체인 하면 영화 '타짜'에서 아귀의

　　　　명대사가 떠오르던데...

체스 : 뭔데?

기린 : "패건들지 말어", "아야 가서 오함마 가져와라"

체스, 기린 : … 그정도는 아닌 듯...

지금까지 블록체인 놀이에 대해 대략적으로 살펴봤는데, 눈치 빠른 독자들은 중요한 부분이 빠졌다는 것을 이미 알아차렸을 것이다.

"그 많은 학종이는 어디서 발행되는 걸까?"

화폐 발행에 대해 설명하기 전에 민감한 부분을 잠시 언급하고자 한다. 암호화폐의 발행과 관련하여, 비트코인 등을 어떻게 불러야할지 많은 논란이 있다. 그 논란을 모두 다루려면 책 한권의 분량이 필요할 것이다. 때문에 이 책에서는 비트코인을 편의상 '화폐'라 칭하기로 한다. 화폐라는 단어의 개념을 대부분의 사람들이 무리없이 받아들일 수 있기 때문이다.

보통 화폐의 발행이라 하면 국가의 화폐 발행 시스템을 떠올린다. 때문에 고정불변하고 복잡할 것이란 생각에 지레 겁을 먹기 쉽다. 물론, 화폐 발행 체계는 다양한 요소를 고려해야 하지만, 우리는 기본적인 원칙만 이해하고 있으면 된다. 지금까지 거듭 얘기한 것처럼 블록체인은 소꿉놀이이고, 참여자들에 의해 얼마든지 규칙이 변경될 수 있다. 학종이를 예로 들면, 참여자들의 지향에 따라 그 발행량 및 발행 방식이 얼마든지 달라질 수 있다. 코인의 발행량은 대체로 고정되어 있다. 코인의 발행량을 정해 야하기 때문이 아니라 가치를 형성하기 위해서이다. 화폐가 끊임 없이 발행되면, 화폐의 가치가 급격하게 떨어지는 인플레이션이 발생한다. 인플레이션이 나타났을 때 발생하는 현상의 예로는 세계 대전 당시 독일 화폐를 들 수 있다. 가치가 떨어진 지폐로 탑을 쌓고 노는 아이들이라든지, 생필품을 사기 위해 수레에 돈을 가득 싣고 가는 사진 등을 접한 적이 있을 것이다.

이를 방지하기 위해 '학종이'와 같은 코인의 발행량을 정해놓는 것이다. 그렇다면 화폐 가치가 급격히 올라가는 디플레이션은 어떨까? 디플레이션 역시 충분히 발생할 수 있다. 화폐 가치가 급격히 오르면 인플레이션과 마찬가지로 화폐로서의 기능을 할 수 없다. 즉, 화폐 가치가 상승하면 시장에서 쓰지 않게 된다는 것이다. 수많은 암호화폐들이 시장에 쓰일 것을 기대하지만, 실질적으로 쓰이지 않는 것을 보면 쉽게 알 수 있다. 화폐라면 물건과 교환되어야 하는 데, 화폐를 들고 있는 것이 이익이라면 그것을 시장에서 사용하지 않게 된다. 그런데 여기에는 전제가 있다. 코인이 시장에서 통용되어야 한다. 다시 말해, '학종이'가 시장에서 쓰여야 인플레이션 및 디플레이션도 발생할 수 있다는 것이다. 그렇지 않으면 '학종이'는 발행량이 많든 적든 휴지조각일 뿐이다. 중요한 것은 시장에서 제 기능을 해서 가치를 형성하는 것이다.

화폐 발행량에 관해 어느 정도 알았다 하더라도 여전히 궁금증이 남아있다.

"도대체 학종이는 누가 생산하고 공급하는 것일까?"

지금까지 우리는 독자의 이해를 돕기 위해 쉽게 와닿는 친숙한 용어로 설명을 했다. 실물 경제를 기반으로 오프라인에서의 이야기를 꾸며왔다. 하지만 블록체인은 온라인 시스템이다. 오프라인으로 설명하는 것에는 한계가 있다. 지금까지 비유로 들었던 오프라인 세상을 이해했다면 이제 온라인 세상으로 넘어가야 한다.

오프라인상의 각종 규칙은 문서로 작성되지만, 컴퓨터 세계에서는 코드로 작성한다. 쉽게 말해, 사람이 만든 프로그램으로 움직이는 것이다(로봇이 만드는 세상은 이 책이 다루는 논의의 범위가 아니다.).

컴퓨터는 인간과 다른 몇 가지 규칙을 가지고 있다. 다음 상황을 보자.

철수 : 영희야, 우리 그때 했던 학종이 놀이 다시 하자
영희 : 아, 그때 그거? 좋지. 학종이는 학교 앞 문방구 앞에서 사올게.
철수 : 그 때 95장을 갖고 놀았으니 이번엔 거기다 15배 추가하자.
영희 : ...
철수 : 컴퓨터야, 우리 그때 했떤 학종이 놀이 다시 하자.
컴퓨터 : …
철수 : 95*15 =
컴퓨터 : 1425

여기서 살펴볼 수 있듯이 컴퓨터는 인간이 입력한 규칙을 잘 따른다. 인간은 컴퓨터에 비해 보다 다양한 관점으로 사고한다. 이 사례를 든 이유는 블록체인의 화폐 발행 규칙을 이해하기 위해서는 컴퓨터를 조금이라도 알아야 하기 때문이다.

철수 : 영희야, 우리 학종이가 순식간에 없어졌네… 새로 더 사와야하지 않나?
영희 : 맞아, 더 사와야겠다.
철수 : 컴퓨터야, 우리 학종이 더 필요하지 않을까?
컴퓨터 : …
철수 : 컴퓨터야, 우리 학종이 50장 발행해줘.
컴퓨터 : 50장 발행완료

사람이 화폐 발행에 참여하면, 여러 상황에 맞게 의사결정을 할 수 있다. 하지만 컴퓨터는 다르다. 컴퓨터는 인간이 사전에 정의한 발행 규칙만을 따른다. 그 규칙을 바꾸기 위해서는 새로운 규칙을 입력해야 한다. 컴퓨터는 스스로 판단을 내릴 수 없으니, 사람이 사전에 입력해 놓은 규칙을 따를 수밖에 없는 것이다.

블록체인 놀이에서 사용되는 자체 화폐는 처음 놀이를 만든 사람(또는 집단)이 컴퓨터에 작성한 발행 규칙에 따라 자동으로 발행된다.

보상과 처벌

팟캐스트 '블록킹' 66-1화

체스 : 블록체인 놀이에 왜 그렇게 많은 사람들이 참여할까?

길벗 : 돈이 되니까…

기린 : 언제든지 0원이 될 수도 있는데…

길벗 : 이렇게 많은 사람들이 참여하고 실제로 현금을 받을 수도

　　　있는데, 0원이 될 거라고 생각할 수 있겠어?

체스 : 근데 참여자들은 무조건 이익을 얻나?

　　　세상에 이익만 얻을 수 있는 게 어딨어…

기린 : 당연히 패널티를 둬야지. 오함마라고…

길벗 : 영화를 너무 많이 봤네…

화폐를 발행했으면 적절히 분배해야 하는 데, 블록체인의 분배 방식은 꽤 독특하다. 이 독특한 분배 방식 덕에 블록체인 시스템에 매력을 느끼는 사람들도 많다. 컴퓨터 세상에서의 분배 방식도 발행 방식과 마찬가지로 사전에 사람이 입력해야 한다. 컴퓨터는 입력된 수식을 실행할 뿐이다. 우선 화폐 분배에 대해 이해하기 전에, 지금까지 얘기했던 소꿉놀이 내용을 다시 정리해보자(아마 지금 쯤 잊어버린 분들도 계실 것이다.).

1. 금융 활동은 '노트'와 '쪽지'로 이루어진다.
2. 검증자는 노트에다 자산의 이동현황을 적는다.
3. 만약 손님이 가게에 1,000원을 보내기 위해, 1,000원을 쪽지로 보내 근처에 있는 검증자에게 전달한다.
4. 검증자는 손님이 진짜 1,000원을 가지고 있는 지 장부를 확인한다.
5. 만약 검증자가 다수라고 한다면(A, B, C, D, E) 쪽지를 옆사람에게 돌려서 모두 자신의 장부를 확인하게 한다.
6. 손님이 정말 1,000원을 가지고 있다면, 손님의 1,000원을 가게로 보냈다고 장부에 적는다.

여기서 '노트'는 책 서두에서부터 오랫동안 논의했던 '장부'에 해당한다. 장부는 정확한 내용으로 이루어져야 한다. 누구나 쉽게 수정할 수 있으면 안 된다. 그래서 중앙기관은 장부를 남들의 손이 닿지 않는 깊은 곳에 보관한다. 하지만 중앙기관이 없는 소꿉놀이라면 어떨까? 특정인이 돈을 보낸다는 쪽지를 검증자에게 보내면, 검증자는 일일이 다 검증을 해야 한다. 긴 시간이 소요되는 상당한 정신 노동을 해야 하는 것이다. 이 힘든 놀이에 자진하여 참여하는 사람은 아무도 없을 것이다. 그래서 고안된 것이 '학종이' 보상이다. '학종이'라는 보상을 검증자에게 주어 참여를 유도하는 것이다. 여기서 한 가지 궁금증이 생긴다.

"수많은 검증자들이 존재한다면 누구에게 어떻게 보상을 해야 할까?"

참여자들에 대한 보상은 블록체인 개발자에게 어려운 문제 중 하나다. 여러번 강조하지만 블록체인은 정해진 규칙이 있는 것이 아니고, 추구하는 바가 무엇이냐에 따라 얼마든지 달라질 수 있다. 우선 가장 기본적인 '비트코인'의 사례를 이해해보자. 이를 통해 다른 블록체인의 보상을 이해할 수 있다. 놀이의 참여자는 다음과 같다.

검증자 : 철수, 영희, 길동
거래 참여자 : 민지, 종훈, 덕현

- 철수와 길동은 쪽지를 검증하고 장부의 새로운 페이지에 모든 내용을 적는다.
- 1번부터 10번까지의 공 중에서 3을 먼저 뽑는 사람의 장부 내용을 채택한다.
- 3을 뽑은 사람이 뽑은 공과 함께 자신이 적은 장부를 돌린다.
- 나머지 사람은 그 사람의 장부의 내용을 확인하고 자신의 장부에 업데이트한다.
- 정답자가 나오는 시간은 평균 10분 이내로 한다.

이것이 기본적인 규칙이다. 그런데 여기서 한 가지 문제가 생긴다. 다음의 그림을 보자

철수는 민지가 보낸 쪽지를 먼저 받았고, 길동은 덕현이 보낸 쪽지를 먼저 받았다. 두 거래 내용들은 모두 다 옳은 것이다. 그런데 각자 자신이 받은 순서에 따라 내용을 기록하면, 장부의 내용이 일치하지 않는다. 검증자가 세 명인데 어떠한 기준으로 보상을 나눌지 또한 문제가 된다.

그래서 고안해낸 아이디어가 바로 선착순이다. 선착순의 방식은 '공을 뽑는 것'이다. 앞서 제시한 규칙에서 조금 더 나아가 새로운 규칙으로 생각해보자.

- 철수와 길동은 쪽지를 검증하고 장부의 새로운 페이지에 모든 내용을 적는다.
- 1번부터 10번까지의 공 중에서 3을 먼저 뽑는 사람의 장부 내용을 채택한다.
- 3을 뽑은 사람이 뽑은 공과 함께 자신이 적은 장부를 돌린다.
- 나머지 사람은 그 사람의 장부의 내용을 확인하고 자신의 장부에 업데이트한다.
- 정답자가 나오는 시간은 평균 10분 이내로 한다.

이렇듯 해당 숫자의 공을 먼저 뽑는 사람의 장부가 채택되고, 보상 또한 이 사람에게 주어진다. 물론 이것은 하나의 사례일 뿐이다. 규칙은 얼마든지 정할 수 있다. 공을 뽑는 식의 선착순이 마음에 안 들 수도 있다. 공을 1초에 한 번 뽑을 수 있는 사람과 공을 1초에 두 번 뽑을 수 있는 사람 간에 능력 차이가 있다고 생각할 수도 있다. 그렇다면 새로운 방식을 제안하면 된다. 위에 제시된 사례는 물리적인 에너지를 소모하는 방식이다. 비트코인의 POW(Proof Of Work- 작업증명) 방식이 여기에 해당된다.

노드라고 표현한 부분을 컴퓨터 한 대 혹은 사람 한 명으로 생각해보면, 각 노드들은 자신들만의 장부를 만든다. 장부의 새 페이지를 새로운 블록이라고 보면 된다. 수많은 컴퓨터들이 참여하면, 그중 하나의 블록을 채택해야 한다. 장부를 동일하게 만들어야 하기 때문이다. 채택 기준은 '어떠한 컴퓨터가 주어진 문제를 가장 빨리 풀어내느냐'이다. 컴퓨터는 특정 값(위에 제시된 공의 번호와 유사)을 추출하기 위해 연산을 한다. 가장 먼저 정답을 제시한 컴퓨터에게 보상이 돌아간다.

여기에서의 보상이 바로 '학종이' 즉, 코인이다. 이는 컴퓨터 세계이기 때문에 가능하다. 사람이 먼저 규칙을 입력해놓으면 컴퓨터는 정해진 규칙에 맞게 연산만 하면 된다. 이러한 특징 때문에 '코인 발행은 누가 하는가?' '보상은 어떠한 방식으로 이루어지는가?'에 대한 답변을 쉽게 할 수 없는 것이다. 보통 사람이 코인을 발행한다고 생각하기 쉽지만, 블록체인 놀이에서는 발행 및 보상이 컴퓨터 프로그램 내에서 실행된다. 또한 발행 따로 보상 따로의 구조가 아니라, 발행과 보상이 하나로 통합되어 있다. 그럼, 여기서 또다른 상황을 가정해보자.

"만약 거짓 장부를 만들고 답만 제대로 풀어 제시하면 어떻게 될까?"

이 경우에는 앞의(나머지 사람은 그 사람의 장부가 맞는지 확인하고 자신의 장부에 업데이트 한다.)과정에서 다른 검증자에 의해 받아들여지지 않는다. 검증자는 문제에 대한 답변은 물론 장부의 정확성까지 모두 검증하기 때문이다. 이렇게 되면 보상을 받을 수 없고, 보상을 받지 못하면, 문제를 풀기 위해 들인 노동력에 대한 손해가 발생한다(사람이라면 두뇌를 쓴 대가를 받지 못하는 격이 되고, 컴퓨터라면 연산을 위해 쓴 전기료를 되돌려 받지 못하는 격이 된다.). 때문에 참여자들은 올바르게 행동할 수 밖에 없다. 블록체인 놀이가 흥미로운 이유 중 하나는 불특정다수가 자신의 이익에 따라 움직이면서도 합의가 이루어질 수 있다는 점이다. 블록체인은 기술적인 장치뿐만 아니라 인간의 심리적인 요소들도 고려되어 설계되었다.

마지막으로 놀이 규칙을 살펴보면 '평균 10분'이란 얘기가 있다. 정확히 10분도 아니고 평균 10분인 이유는 무엇일까? 또한 10분이란 규칙은 무엇 때문에 정해진 것일까? 이 답을 알기 위해서는 장부의 구조에 대해 이해해야 한다.

블록체인 구조
- 노트의 구조 (개론)

팟캐스트 '블록킹' 11-1화

(1990년대)

도둑1 : 하하하, 역시 나의 열쇠 복제 능력은 상상을 초월해.
　　　　체스야 안녕~ 돈 고맙다.

체스 : 망했어, 망했어…

기린 : 아니, 무슨 일이야?

체스 : 학교 사물함에 비상금을 넣어뒀는데, 어떤 나쁜 놈이 가져가 버렸어…
　　　　길벗 너 아냐?

길벗 : (뜨끔) 날 뭘로 보고…

(21C)

도둑1 : 어디 블록체인을 한 번 열어볼까?

도둑2 : 어때, 돈이 많아?

도둑1 : 돈은 많은데, 뭘 가져가야 할지 모르겠어…가져갈 게 없어.

도둑2 : 무슨 뜻이야?

도둑1 : 이거 봐…

도둑2 : 뭐지? 이거 그냥 장부잖아…

도둑1 : 응…

블록체인은 보안에 있어서 혁신적 기술이라 말할 수 있다. 기존에는 현금이나 장부를 금고에 꽁꽁 숨겨두는 방식으로 보안을 유지했다. 하지만 블록체인은 누구나 가질 수 있는 장부이다. 누구나 가질 수 있고, 기록할 수 있다. 모두가 가지고 있는데, 도둑이 들어와 가져가기도 쉽지 않다. 이는 블록체인이란 장부의 독특한 구조 때문이다.

151번째 장부 확인1 Note

No.	From.	To.	Amount.	Time	Memo	Sign
0000014.	김철수	김영희	10,000	2016.08.16 20:00:01	닭꼬치	ABC
0000513.	이현우	최가연	30,000	2016.08.16 20:15:01		AWE
0006414.	윤선규	배기영	15,000	2016.08.16 21:00:01	빌린돈	QWT
0000386.	김희선	이채희	30,000	2016.08.16 22:05:01	별금	ZXC

152번째 장부 Note

No.	From.	To.	Amount.	Time	Memo	Sign
0006414.	윤선규	배기영	15,000	2016.08.16 21:00:10	빌린돈	QWT
0000386.	김희선	이채희	30,000	2016.08.16 22:05:01	별금	ZXC
0001657.	남진성	마길용	45,000	2016.08.16 06:00:01		OPD
0099213.	진우혁	김혁진	85,000	2016.08.16 07:15:01		XPD
0001132.	이정협	박준범	22,000	2016.08.16 09:00:10	시형	HJS

확인2

153번째 장부 확인3 Note

No.	From.	To.	Amount.	Time	Memo	Sign
0000014.	김영희	최민혁	10,000	2016.08.18 13:00:01		KPS

154번째 장부 확인4 Note

No.	From.	To.	Amount.	Time	Memo	Sign
0000014.	최민혁	정희성	10,000	2016.08.19 19:53:09		IUD

155번째 장부 확인5 Note

No.	From.	To.	Amount.	Time	Memo	Sign
0000014.	정희성	유호진	10,000	2016.08.20 08:03:01		EXX

156번째 장부 확인6 Note

No.	From.	To.	Amount.	Time	Memo	Sign
0000014.	유호진	이현호	10,000	2016.08.22 15:25:07		MHG

위에 가계부를 보면 완성된 6페이지와 작성 중인 7페이지가 있다. 7페이지에는 바로 직전 6페이지의 정보가 적혀있다. 컴퓨터 용어로 Hash값이라고 하는 데, 조금 쉽게 설명하면 데이터의 지문 값이다. 전자 문서는 0과 1의 조합으로 이루어져 있고, 이 숫자의 조합을 통해 연산이 가능하다. A라는 문서에 특정함수를 적용하면 abcde1234라는 값이 나온다고 가정해보자. 추후에 A라는 문서에 같은 함수를 적용하면 똑같은 값이 나온다. 만약 A라는 문서에 다른 정보가 추가되면(점 하나가 찍히는 것도 포함이다.) 값이 달라지게 된다. 이러한 원리로 A라는 문서가 위변조됐는지를 확인할 수 있다. 이 설명이 이해하기 어렵다면, 7페이지에 바로 직전 6페이지 의 각종 정보들(거래 총액. 사람수 등)이 적혀있다고 생각하면 된다.

해커가 블록체인을 위변조하는 것이 불가능한 것은 아니다. 그보다는 매우 어렵다는 표현이 적절하다. 소꿉놀이로 따져보면, 나쁜 사람이 노트를 수정해봤자 놀이에 낄 수가 없는 것이다. 100명 중에서 99명이 같은 장부를 갖고 놀고 있는데, 혼자만 다른 장부를 갖고 있으면 함께 어울릴 수가 없다. 왕따가 되는 것이다. 자신뿐 아니라 다른 사람의 노트까지 전부 바꿔야 동일한 장부를 갖고 놀 수 있다.

이미 성사된 거래를 없던 일로 만들고 싶다고 가정해보자. 그 거래 내용은 3페이지에 있다. 3페이지 정보는 4페이지에 기록되어 있고, 4페이지의 정보는 5페이지에 기록되어 있다. 3페이지의 정보를 수정하기 위해서는 현재 완성된 6페이지부터 역순으로 수정해야 하는 것이다.

3페이지에 있는 정보를 수정하기 위해 6페이지 정보부터 수정을 하고, 이 작업을 다른 모든 사람들에게 똑같이 반복해야 한다. 제한시간은 7번째 페이지가 만들어지기 전까지다. 비트코인을 예로 든다면 단 10분 동안 처리를 해야 한다.

블록체인의 구조를 조금 더 살펴보면, 보상을 위해 문제를 푼 내역까지도 들어있어야 한다. 그래서 검증자들은 블록을 받으면, 이 블록을 만들기 위해 정당한 노력을 했는지 블록이 참인지 등을 검증한다.

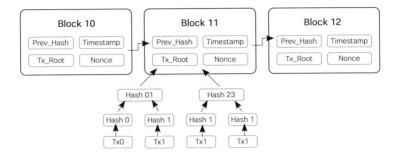

블록 생성 시간

팟캐스트 '블록킹' 49화

(군대 훈련소)

교관 : 자, 지금부터 총기 결합 시험을 보겠다.

체스 훈련병 : 아, 이거 엄청 어려운데...

기린 훈련병 : 이거 하다가 손가락 부러지는 줄 알았어.

길벗 훈련병 : 지금 그냥 손가락 부러뜨릴까?

교관 : 조용 조용~ 무슨 말이 그렇게 많나. 얼차려 받고 싶어?

체스, 기린, 길벗 훈련병 : 아닙니다!

교관 : 자, 교관이 시작이라고 얘기하는 순간부터 분해된 총기를 결합하면 된다. 가장 먼저 결합한 훈련병은 석식 후 3분 간 사랑하는 사람과 통화할 수 있는 기회를 주겠다. 알겠나!

체스, 기린, 길벗 훈련병 : 네, 알겠습니다!

교관 : 자, 시~ 작!

(3초 뒤)

체스, 기린, 길벗 훈련병 : (동시에) 다 했습니다!

교관 : (아, 난이도가 너무 쉬웠나…) 그… 그래? 교관이 못 봤으니 다시 시작 하겠다. 이번엔 총기를 결합하고, 분해하는 과정으로 바꾸겠다.

체스, 기린, 길벗 훈련병 : 야이 사기꾼…

교관 : 뭐라고?

보상체계는 참여자들에게 달콤한 유혹이다. 하지만 공정하지 못한 보상체계는 참여자들의 의욕을 떨어뜨릴 뿐이다. 블록체인에서 자발적 참여라고 얘기하는 것은 무료 봉사의 개념이 아니다. 얼마인지도 모르는 학종이를 일단 발행시켜놓고, 미래에 오를 것을 기대하며, 참여자들에게 분배하는 보상 체계를 기본으로 한다. 어차피 초기에 학종이를 받으면 크게 잃을 것도 없고 나중에 가격이 오르면 큰 이익을 볼 수 있으니, 참여자들에게는 달콤한 유혹이 된다. 이것이 옳든 그르든 간에 말이다.

블록체인은 통일된 형태의 장부가 필요하고, 이를 생성하기 위한 특정 작업이 필요하다. 또, 이 작업에 대한 대가를 지불해야 하는데, 대가를 지불하는 방식도 여러 가지다. 이 중 가장 대표 적인 것이 비트코인의 POW(작업 증명)이다. 작업 증명에서의 보상 원리는 문제 를 가장 먼저 푼 단 한 명에게 보상을 주는 것이다. 아래의 내용을 잠깐 복습해보자.

- 철수와 길동은 쪽지를 검증하고 장부의 새로운 페이지에 모든 내용을 적는다.
- 1번부터 10번까지의 공 중에서 3을 먼저 뽑는 사람의 장부 내용을 채택한다.
- 3을 뽑은 사람이 뽑은 공과 함께 자신이 적은 장부를 돌린다.
- 나머지 사람은 그 사람의 장부의 내용을 확인하고 자신의 장부에 업데이트한다.
- 정답자가 나오는 시간은 평균 10분 이내로 한다.

우리는 여기서 '평균 10분'에 주목할 필요가 있다. 10분이면 10분이지, 평균 10분이란 얘기가 나오는 이유는 무엇일까?

위의 가정에서는 3명이 장부(블록)의 내용을 구성했다. 이 중 가장 먼저 공을 뽑은 사람에게 보상이 주어진다. 공을 뽑는 것도 중요하지만, 장부 내용을 제대로 만드는 것이 무엇보다 중요하다. 3명 중 우연히 2명이 똑같은 타이밍에 공을 뽑게 되었다면 어떻게 될까?

블록체인에서 장부의 전파 및 검증은 전달을 통해 점점 퍼지는 방식이다. 가장 가까이에 있는 사람에게 쪽지를 전달하고 그것이 옳으면 그 다음 사람에게 전달된다. 학교에서 시험지 돌리는 방식이라고 보면 된다. 가장 처음에 받은 사람이 그 옆과 뒤로 시험지를 돌리는 것과 같다.

참여자들이 한두 명이 아니라 한국과 미국 정도로 거리가 먼 지역에 고루 분포되어 있다면 장부를 하나로 일치시키기 쉽지 않다. 한국에 있는 사람과 미국에 있는 사람이 동시에 문제를 푼 경우, 주변인들에게 전파를 해야 하는 데, 그 둘이 만든 장부 모두에 문제가 없는 상황이라면 어떤 장부를 선택해야 할지 문제가 발생한다. 이런 상황을 하드포크(체인분리)라고 말한다. 하나의 줄기로 이어져온 장부가 두 갈래가 되는 것이다.

이 문제를 해결하기 위한 정답이 따로 존재하지는 않는다. 소꿉 놀이처럼 참여자들이 규칙을 정하면 된다. 하지만 대개 다음 블록 이 먼저 생성되는 체인을 선택하는 경우가 많다. 쉽게 얘기해서 한국 장부와 미국 장부로 나뉘었을 때, 다음 장부를 먼저 만든 진영을 선택하는 것이다. 물론 이것은 이해를 돕기 위한 비유적 표현이고 실제로 국가 대항전으로 진행되는 것은 아니다.

하드포크는 또다른 문제를 야기한다. 예를 들어, 길벗이 체스에게 학종이 10장을 보냈다고 하자. 체스는 이 내역이 장부에 기록되고 검증이 완료된 후에 코인을 쓸 수 있다. 하지만 길벗이 체스에게 학종이를 보낸 내역이 적힌 장부가 두 줄기로 나뉘고 다음 장부가 다른 줄기에서 만들어지면 이 거래는 무효가 된다. 이 경우 길벗은 체스에게 학종이를 다시 보내야만 한다. 비트코인을 예로 들면 최소 20분을 기다려야 한다(비트코인 장부는 10분마다 생성되는데, 첫 번째 장부가 무효화됐으므로 다시 장부를 생성하려면 또 다시 10분이 걸린다. 때문에 최소 20분이 소요되는 것이다.). 커피 한 잔 사먹으려는데, 결제 때문에 몇십 분이 소요되는 것이다. 비트코인을 실생활에서 사용하기 어렵다고 얘기하는 이유가 여기에 있다.

그렇다면 장부 생성 속도를 높일 수는 없을까?

위의 예를 보면 10개의 공 중에서 숫자 3이 적힌 공을 뽑을 확률은 1/10이고, 이는 여러 번의 작업을 필요로 한다. 하지만 1초마다 장부가 생성된다고 가정해보자. 이제는 1번 공과 2번 공 둘 중에 하나만 뽑으면 된다. 확률이 5배가 되었으니 시간도 그만큼 줄어든다. 이 경우 참여자들이 동시에 문제를 풀 가능성이 높아진다. 참여자들이 한국, 중국, 미국, 일본 등 각지에 퍼져있으면 두 줄기가 아니라 여러 줄기로 나뉘게 되고, 1초 뒤에는 더 복잡한 상황이 생길 수도 있다. 다시 한 번 강조하지만 블록체인에서의 장부는 금전 기록이기 때문에 참여자들이 동일한 장부를 갖는 것이 매우 중요하다.

이렇듯 블록체인에서의 속도는 단순히 기술적인 문제가 아니라 여러 복잡적인 요인이 얽혀있기 때문에 아직도 합리적인 해결 방안을 찾지 못했다. 다만 여러 가지의 시도는 계속되고 있다.

여기서 한 가지 의문이 생긴다. 블록을 생성하기 위해선 블록 생성자가 문제를 풀어야 하는 데, 블록 생성자는 문제풀이에 참여할 수도 그만둘 수도 있다. 이 상황에서 비트코인의 블록 생성 속도가 어떻게 10분에 맞춰질 수 있을까?

문제의 난이도가 조절되기 때문이다. 어떠한 블록체인이든 시계

바늘처럼 동일하게 움직이지는 않는다. 1부터 10까지의 자연수가 적힌 공 중 3을 뽑아야하는 상황에서, 공을 뽑는 속도가 아주 빠른 사람은 남들보다 3번 공을 뽑을 확률이 높다. 이 사람의 경우, 10분보다 더 빠른 시간 안에 블록을 생성할 수 있다. 또한 다음 블록 생성 시, 1부터 20까지의 자연수가 적힌 공 중 3을 뽑아야하는 상황으로 만들 수도 있다. 이러한 방식으로 난이도는 계속 조절된다. 반대의 상황도 가정해볼 수 있다. 10분이 지나도 3번 공을 뽑지 못하는 경우 역시 충분히 있을 수 있다. 이 상황에서는 공의 개수를 줄이는 방식으로 난이도 조절을 하게 된다. 위 내용에서 '공을 뽑는 속도가 아주 빠른 사람'은 '컴퓨팅 파워'를 비유한 것이다. 좋은 사양의 컴퓨터일수록 연산 속도가 빨라 블록을 생성할 확률이 커지고, 그에 따라 보상을 받을 확률 또한 커지게 된다. 하지만 몇 번이고 강조했듯 블록체인에 정답은 없다. 여러 시도를 통해 사회에 수용될 수 있는 방향으로 나아갈 뿐이다.

　여기에는 비판이 따른다. 단순 연산은 실제 생활에 어떠한 가치도 부여하지 않는 전기세 낭비일 수도 있다. 불필요한 전기를 소모하는 것은 자연 파괴의 원인이 된다는 지적도 있다. 채굴은 주로 전기료가 싼 몽골 등의 지역에서 많이 이루어진다. 이더리움과 같은 경우, 채굴의 방식에서 지분 증명 방식으로 넘어가고 있다. 작업 증명은 블록 생성자가 보상을 가져가는 구조이기 때문에 경쟁이 치열한 반면, 지분 증명은 자신이 보유한 코인에 따라 보상이 나뉘어지므로 경쟁이 덜 치열하고 굳이 전기를 낭비하지 않아도 된다.

　하지만 몇 번이고 강조했듯 블록체인에 정답은 없다. 여러 시도를 통해 사회에 수용될 수 있는 방향으로 나아갈 뿐이다.

소유권 증명이란 ?
- PKI 원리

체스 : 아, 오늘 은행 가야 된다.

길벗 : 왜 ?

체스 : 엄마가 뭐 갱신하라고 하시는데, 본인이 직접 가야 한대.

기린 : 이럴 땐 블록체인이 좋은데…

길벗 : 그건 또 왜?

기린 : 은행은 네가 누군지 궁금해하는 데, 블록체인은 네기 누군지 안 궁금해하거든.

길벗 : 그런가?

기린 : 블록체인이 어려우면 이것만 기억해 둬. 은행은 실명 블록체인은 익명.

암호화폐 거래를 하다보면, 개인키 보관이란 단어를 종종 듣게 된다. 개인키가 매우 중요하니 절대로 잃어버리지 말라는 당부도 함께 따라온다. 실제로 개인키는 자산의 소유권을 증명하는 수단이기 때문에 매우 중요하다. 용어가 낯설게 느껴질 수 있는데, 개인키는 이미 우리 일상생활에서 자주 사용되고 있다. 대표적인 예가 '공인인증서'이다. 공인인증서로 전자 서명을 하는 원리와 개인키로 전자 서명을 하는 원리가 같다. 이 원리는 PKI(Public Key Infrastructure) 기술에 의해 작동된다. PKI에는 개인키와 공개키 두 가지 종류의 키가 있다. 각 키는 성격과 용도가 상이하다. 이를 이해하기 위해선 약간의 수학적 지식이 필요하지만 지레 겁 먹을 필요는 없다. 아주 기초적인 함수만 떠올리면 된다.

$$y = x + 333$$

(여기서 x는 개인키이고, y는 공개키이다.)

개인키는 특정 문자열로 이루어져 있다. 예를 들어 F1233F234AS DBPOJSDF2304와 같은 식이다. 전혀 의미를 알 수 없다. 공개키는 위 수식에서 y값이다. 공개키는 개인키로부터 나온다. 위 함수와 같이 특정 함수에 의해 형성된다. RSA, ECC 알고리즘이라는 것이 개인키로부터 공개키가 생성되는 함수이다.

위 수식에서 개인키 x는 무작위로 형성된다. 아무도 알 수 없다. 정확히 말하자면 아무도 알 수 없어야 한다(본인 눈에도 보이지 않는 것이 좋다.).

개인키 x를 123이라고 가정하고 위 수식에 대입하면, 123 더하기 333은 456이 된다. 즉, 공개키는 456이다. 개인키를 자기 자신만 알 수 있다고 가정했을 때, 123이란 숫자는 항상 456이란 값을 갖는다.

하지만 456이란 숫자를 가지고 123을 유추할 수는 없다. 저 위의 함수는 간단해서 쉽게 유추할 수 있지만 실제로는 아주 복잡하다. 이렇듯 역산이 매우 어렵다는 특성을 이용한 것이 PKI 기술이다. 물론, 아주 긴 숫자를 무작위로 대입시켜 값을 찾을 수 있는 가능성도 있다. 그래서 양자 컴퓨터가 나오면 역산이 가능하다는 주장도 있다. 하지만 이러한 논쟁은 이론적인 영역에 관한 것이고, 실생활에서는 아직까지 PKI 기술이 유용하게 쓰이고 있다.

개인키와 공개키는 재밌는 관계를 가지고 있다. 개인키로 암호화하면 공개키로 풀 수 있고, 공개키로 암호화하면 개인키로 풀 수 있다. 만약 9라는 숫자를 개인키로 암호화하면, 123(9)로 표현할 수 있다. 이걸 456으로 풀면 9라는 숫자가 나온다. 반대로 공개키로 암호화하면 456(9)로 표현할 수 있다. 이걸 개인키 123으로 풀면 9가 나온다. 그래서 어떤 상황이냐에 따라 암호화 방식이 달라지는 것이다.

만약 A라는 사람이 자기 자신임을 증명해야 한다면 개인키를 활용한 암호화(전자서명)를 하면 된다. 특정 문서를 A라는 사람에게만 보이고자 할 때에는, A의 공개키를 암호화하면 A의 개인키로 풀 수 있다.

위에서 언급한 공인인증서와 암호화폐 개인키의 용도는 자기 자신을 증명하는 것이다. 공인인증서는 국가 금융 서비스나 다른 증명서 발급을 위해 자신을 증명해야 할 때 사용한다. 암호화폐는 특정 자산의 소유주를 확인할 때 쓰인다. 역시나 자기 자신을 증명하기 위해 사용되는 것이다.
만약 철수가 1,000원이 있다는 것을 증명하고 싶다면,

① 1,000원이라는 자산 정보
② 123(1,000원) - 자산 정보를 개인키로 암호화
③ 456 - 공개키

이 세 데이터를 검증자에게 보낸다. 검증자는 1,000원을 본다.
그리고 456이란 공개키를 활용하여 암호화된 데이터를 열어본다.
똑같이 1,000원이 나오면, 철수가 가진 1,000원이라는 것을 알게
되는 것이다.

공인인증서와 개인키의 차이점은 공인인증서는 실명이고,
개인키는 익명이라는 점이다. 공인인증서를 발급받기 위해서는
은행에 가야 한다. 은행에 가서 신분증을 제시하고 여러 절차를
걸친 뒤에 공인인증서를 발급받는다. 블록체인은 은행과 같은
중앙기관이 존재하지 않기 때문에, 신분증 확인 작업 등을 하지
않는다. 신분증 확인 작업을 하는 프로젝트가 있다면 법정화폐를
다루는 프로젝트일 것이다. 법정화폐는 은행의 영역이기 때문에
반드시 신분 확인 절차가 있어야 한다.

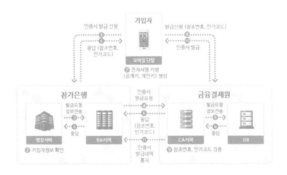

[출처] https://www.yessign.or.kr/additionalservice/sublndex/366.do

공인인증서는 국가 기관의 주도 하에 발급된다. 개인의 정보는 금융시스템에 저장되기 때문에, 공인인증서를 잃어버려도 금융 시스템에 저장된 개인 정보를 토대로 재발급할 수 있다. 즉, 공인인증서를 분실하더라도 자신의 자산정보가 유지되는 것이다.

블록체인은 중앙기관이 없다. 또한 신분 확인 절차도 없어 개인키를 잃어버렸을 경우 개인 정보를 유추할 수 없다. 블록체인에서는 지갑 생성요청을 할 때, PC나 모바일에서 직접 개인키를 생성한다. 이 개인키는 특정 서버를 거치지 않기 때문에 유추할 수 있는 값이 없다. 위에 언급했듯이 개인키는 무작위 숫자이기 때문이다. 대신, 어떤 서비스에 이메일 등의 정보를 등록해놓으면 이를 기반으로 찾을 수는 있다.

블록체인에서는 개인키 분실을 막기 위해 'SEED'서비스를 제공한다. SEED는 무작위로 형성되는 개인키를 유추할 수 있도록 돕는 시스템이다.

Apple, School, Star, Cap, Bed, Door

특정 문자열 6개가 있다고 가정해보자. 저 특정 문자열을 수식에 넣으면 최초에 생성된 개인키 123이 나온다(123이란 개인키가 생성될 당시 주어진 단어가 위의 단어들이어야 한다.). 이 시스템 역시 특정 알고리즘을 사용한다. 개인키는 숨겨 놓고 위의 문자열은 오프라인에 잘 보관해 놓는 것이다.

여기서 문자열이 노출되면 어떤 문제가 발생할지 의문이 들 수 있다. 문자열이 노출되면 개인키 역시 노출된다. 개인키 보관 이슈는 계속해서 대두되어 왔고, 블록체인이라고 뾰족한 해결책이 있는 것은 아니다. 하지만 블록체인에서 개인키는 특정 사용자를 확인하기 위한 수단일 뿐이라는 것을 기억할 필요가 있다.

이전에 언급한 소꿉놀이에 빗대어, 거래 시 학종이가 본인의 것임을 증명하기 위해 서명을 한다고 가정해보자(수표를 연상하면 된다.). 검증자들은 액수와 서명이 장부에 기록되어 있는 지 확인 후 거래를 처리한다. 이런 방식은 다소 시간이 소요되지만 자신의 돈인 것이 증명되어야 이체를 할 수 있기 때문에 보안 측면에서는 뛰어나다고 볼 수 있다.

만약 거래 요청이
많아진다면? - 수수료

팟캐스트 '블록킹' 7-1화

(어느 놀이동산에서…)

체스 : 아니 오늘 왜 이렇게 사람이 많지? 너무 붐비는데…

기린 : 그러게… 놀이기구 하나도 못 타겠다…

행인1 : 앞자리 만 원에 팝니다. 돈 주시면 먼저 타게 해드려요.

길벗 : 헉, 저 사람 뭐야?

체스 : 우리 돈내고 앞으로 가자! 저희 앞으로 갈게요.

행인1 : 감사합니다. 여기 서세요.

행인2 : 아니, 이게 지금 무슨 짓이에요?

　　　　우리는 한참 전부터 기다렸는데..

행인1 : 내 마음이지… 당신이 무슨 참견이야?

기린 : 눈치가 좀 보이네 …

길벗 : 이럴 땐 가만히 있어야 돼.

블록체인에 관해 생각하면 생각할수록 몇몇 문제점들이 보인다. 그런데 이 문제들은 일상생활에서도 흔히 나타날 수 있는 문제이기 때문에 다시금 생각해볼 필요가 있다. 또한 이 과정을 통해 블록체인 놀이를 발전시킬 수 있는 실마리가 발견할 수도 있다. 자, 다시 한번 상황을 가정해보자.

"검증자는 소수인데, 쪽지(거래)를 보내는 사람이 많아서 처리해야 할 쪽지가 쌓이면 어떻게 될까?"

철수를 포함한 4명이 검증자 역할을 하고 있는데, 이 놀이가 소문이 나서 계속해서 사람들이 몰리고 있다고 하자. 그런데 검증자 역할이 복잡해서인지 아무도 하려하지 않고, 쪽지를 이용해 거래만 하려고 한다.

일반적으로는 높은 수수료를 첨부한 쪽지(거래)를 먼저 처리한다. '일반적으로'란 표현을 쓴 이유는 이 처리방식 또한 놀이에서 규정하기 나름으로 절대 불변의 진리가 아니기 때문이다. 하지만 흔히 알고 있는 비트코인이나 이더리움의 경우는 높은 수수료의 거래를 먼저 처리한다. 이것이 부작용을 야기하고 있다.

이 부분에 대해 논의하기 전에, 블록 사이즈에 대한 이해가 필요하다. '블록 사이즈'란 어려운 용어 대신 앞서 비유로 들었던 '노트'의 크기로 생각해보자.

우리가 사용하는 노트는 여러 사이즈가 있다. 손 안에 들어가는 메모장도 있고, 학교다닐 때 들고 다니던 큰 노트도 있다. 어디든 자금의 흐름을 기록할 수 있다. 만약 자기가 큰 노트를 갖고 있으면 많은 내용을 담을 수 있지만, 휴대하기 불편하다는 단점이 있다. 반대로 작은 노트는 휴대가 간편하지만, 내용을 적는 데 한계가 있다.

이 내용을 소꿉놀이에 적용해보자. 한 페이지에 10개의 내용을 적을 수 있는 노트를 활용하여 놀이를 시작했다. 처음에는 거래 내용이 담긴 쪽지가 10개 이하여서 무리없이 노트를 작성해 나갈 수 있었다. 하지만 놀이의 규모가 커지면서 쪽지가 20개, 30개 이상으로 늘어나자 수수료가 높은 순으로 처리를 한다고 해도 감당할 수 없게 되었다. 이 경우 다음 페이지에 적어야 하는 데, 다음 페이지에도 10개의 내용밖에 적을 수 없어 쪽지는 계속 쌓이게 된다.

이것이 우리가 종종 접하는 블록체인의 확장성 문제이다. 적을 수 있는 데이터에 한계가 있을 때 어떻게 극복해야 할 것인가? 크게 두가지 대안을 꼽을 수 있다.

1. 규칙을 다시 정하여 노트를 만들자.
2. 적는 글자 수를 줄이자

노트 안에 적을 수 있는 정보가 제한적이기 때문에 노트의 크기를 키워 많은 정보를 적을 수 있게 하거나, 노트에 적는 내용을 줄여 더 많은 정보를 기록하게 할 수 있다. 한 페이지에 10개의 거래를 적을 수 있는 노트의 사이즈를 두배로 늘려 20개를 적게 하거나, 거래 내용의 글자수를 반으로 줄여 기존의 노트에 20개의 거래를 적게 하는 것이다..

이 문제에 가장 빨리 봉착한 것이 비트코인이다. 비트코인의 거래량이 늘어나면서 블록체인에 적히지 못한 거래들이 많아졌다. 당시 커뮤니티상에서 여러 가지 논의가 있었고 현재 비트코인은 후자의 방식을 사용하고 있다. 반면 전자의 방식을 고집한 단체가 있었는데, 그 단체가 만든 것이 BCH(비트코인 캐시)다.

블록체인 용량 문제는 단순하지가 않다. 하드디스크 가격(노트의 가격)과 연관되어 있기 때문이다. 만약 블록체인이 100GB라고 한다면, 이를 저장할 수 있는 100GB의 하드디스크가 필요하다. 100GB만으로 충분한 것이 아니라 앞으로 계속 쌓이는 거래들을 저장해야 하기 때문에 더 큰 용량이 필요하다. 이더리움도 이미 700GB가 넘어섰다.

블록체인은 탈중앙화의 가치를 외치며 모든 이의 자유로운 참여를 보장했다. 하지만 앞으로 블록체인의 용량이 기하급수적으로 커진다면 일반인이 모든 블록체인을 저장하기란 쉽지 않을 것이다. 1TB만 넘어서도 그만큼의 하드디스크를 확보하기가 어렵다. 아니, 정확히 말하면 그만큼의 하드디스크를 구매할 이유가 없다. 무엇인지도 모르는 정보를 저장하기 위해 하드디스크를 구매하지는 않기 때문이다. 블록체인이 점점 일반인으로부터 멀어지게 되면, 이를 저장할 수 있는 경제적 여유나 특정 목적이 있는 곳으로 코인이 집중된다. 그렇게 되면 또다시 중앙화의 문제가 발생할 수 있다. 때문에 블록체인의 확장성 문제는 간단한 문제가 아니다.

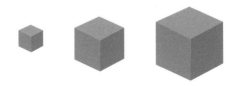

블록체인 기술에
거래소는 필수일까?

팟캐스트 '블록킹' 54-2화

길벗 : 옆에 싸요 거래소 오픈하는 데, 코인 막 에어드랍해준다는데?

체스 : 에어드랍? 그게 뭐야?

기린 : 공짜로 코인 주는 거...

체스 : 그럼 무조건 가입해야 하는 거 아냐?

기린 : 공짜 좋아하면 머리 빠진대.

길벗 : 근데 거래소라는 게 진짜 필요한 건가?

체스 : 공짜로 코인 주는 거래소라면 많이 생기는 게 좋지.

기린 : 좀 있으면 머리카락 많이 없어지겠다.

블록체인을 모르는 사람들도 일상 생활에서 암호화폐 거래소를 이용한다. 거래소가 블록체인과 직접적으로 연관이 있다고 생각하는 사람들도 꽤 있을 것이다. 물론 탈중앙화 거래소는 블록체인 위에서 동작하기 때문에 연관이 있을 수 있다. 하지만 우리가 평소에 KRW를 입금하고 암호화폐를 사는 거래소는 블록체인과는 거의 상관 없는 은행과도 같다. 암호화폐를 입금하고 출금할시에만 블록체인 네트워크를 이용하는 것이다.

거래소에서 암호화폐를 매매하기 위해서는 최초에 신원 확인을 해야하고 은행 계좌를 등록해야 한다. 은행에 준하는 인증 과정이 필요하다. 일반 거래소는 법정화폐를 다루기 때문에 금융법을 따라야 하지만 개인 정보가 거래소에 보관되어 있기 때문에 개인키 보관 이슈에서 자유로울 수 있다. 또한 은행처럼 자신의 개인 정보를 이용하여 자산을 찾을 수도 있다.

최근 거래소 관련하여 해킹 문제와 가격 조작설이 대두되고 있다. 암호화폐를 부정적으로 바라보는 사람들 중에는 거래소가 블록체인 기술에 반드시 필요한 것인지 의문을 갖는 경우도 많다.

과연 블록체인 기술에 거래소는 꼭 필요한 것일까?

이 문제를 규명하기 위해서는 우선 거래소의 역할을 이해해야 한다. 소꿉놀이를 예로 들면, 이 놀이에서 유통되고 있는 화폐는 학종이다. 학종이를 얻기 위해서 검증자가 될 수도 있지만 아예 학종이를 많이 가지고 있는 사람에게 받는 방법도 있다. 먹을 것을 주고 학종이를 받을 수도 있고, 다른 재화를 주고 학종이를 얻을 수도 있다. 하지만 가장 간편한 방식은 일반 화폐와 교환하는 것이다.

거래소는 학종이를 갖고 있지 않은 사람들이 학종이를 얻을 수 있는 경로가 된다. 화폐를 분배하는 역할을 하는 것이다. 거래소도 놀이에 참여하는 구성원이 될 수 있지만 그보다는 놀이에서 통용되는 화폐를 분배하는 역할로 보는 것이 옳다. 그런데 수요 공급 원칙에 따라 암호화폐에 대한 수요의 상승으로 가격이 급등하면서, 놀이보다 화폐의 가격에만 관심이 쏠리고 있는 상황인 것이다.

앞으로 암호화폐가 효용가치와 가격의 상승에 따라 거래소를 찾는 사람들이 점점 많아질 것이다. 하지만 거래소는 소꿉놀이의 본질이 아니다. 거래소보다는 이 거대한 소꿉놀이 자체의 가치를 통해 시장에 도움을 주는 방향으로 이끄는 것이 더 중요할 것이다.

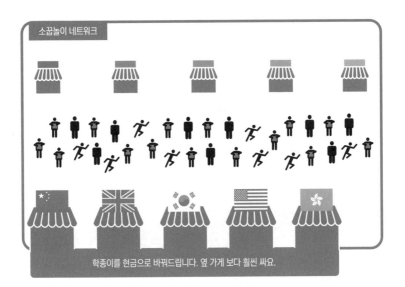

소꿉놀이 네트워크

학종이를 현금으로 바꿔드립니다. 옆 가게 보다 훨씬 싸요.

인센티브만
강조되는 현실

팟캐스트 '블록킹' 27-2화

체스 : 나도 채굴 사업이나 할까?

기린 : 갑자기 무슨 소리야?

체스 : 아니 채굴기 돌리면 앉아서도 떡이 나온다는데…

길벗 : 근데 그것도 코인마다 다른 거 아냐?

기린 : 정신차려 이것들아. 채굴한 코인이 0이 되면 어쩌게?

체스 : 에이 설마 0은 안 되겠지. 지금 코인판 난리던데…

기린 : 그래도 하지마(나도 한 번 살짝해볼까?).

어느 순간부터 블록체인 자체보다 어떤 코인을 채굴하면 좋을지, 어떤 코인을 보유하면 이자가 더 많이 나오는지가 중요한 이슈가 되었다. 지금껏 소꿉놀이를 통해 살펴보았듯 코인 그 자체로는 어떠한 가치도 지니지 못 한다. 거래소에서 형성되는 가격은 현재의 가치보다는 미래에 대한 기대 심리가 반영된 경우가 많다. 그래서 암호화폐 거품론이 나오는 것이다.

블록체인은 기술을 명분으로 한 거대한 인간군상 실험일 수도 있다. 어떠한 기관에 속해 있지 않은 사람들이 자산 거래를 할 수 있는 시스템을 만들기 위해 도입된 것이 인센티브 제도이다. 인센티브가 사람의 행동에 큰 영향을 주는 것은 부인할 수 없다. 하지만 지금의 인센티브는 어디에서도 쓸 수 없는 데이터일 뿐이다. 중요한 것은 이 데이터들이 서비스에서 활용될 수 있도록 하는 것이다. 그런데 서비스에 대한 고민보다 코인 가격 및 보상에 관심이 치우쳐 있어, 사람들의 심리를 활용한 사기 코인들이 쏟아져 나오고 있다. 이 생태계가 건전한 규제 속에서 실제 가치를 만들어내기 위해서는 지금부터라도 코인 보상보다 실생활에서 암호화폐를 활용할 수 있는 방법을 고민해야 한다.

블록체인의 혁신은
익명성에 있다?

팟캐스트 '블록킹' 3-2화

기린 : 나 살짝 찔리는 게 있어.

길벗 : 뭔데?

기린 : 블록체인 관련 책인데 너무 내용이 우울한 거 아냐?

체스 : 아냐. 정확한 정보를 제공하는 것이 우리의 의무잖아.

기린 : 그러다 우리 일자리 잃으면 ?

길벗 : …

체스 : 처음부터 다시 쓸까?

지금까지의 내용을 읽고, 블록체인에 대한 환상이 깨졌을 수도 여전히 알쏭달쏭할 수도 있다. 블록체인 기술은 지금 이 순간에도 연구와 발전을 거듭하고 있으며 앞으로 많은 시행착오를 겪어야 할 것이다. 이런 때일수록 현실로 돌아와 블록체인 기술에 대한 필요성에 대해 신중히 생각해보는 자세가 필요하다.

블록체인 기술은 기존 금융시스템과 달리 중앙기관 없이 익명의 당사자들이 p2p로 자산을 거래할 수 있는 가능성을 보여줬기 때문에 주목을 받았다. 비트코인이란 암호화폐의 사례를 통해, 외부 공격에도 동일한 원장을 가질 수 있는 가능성이 기존 금융기관들을 긴장하게 한 것이다. 하지만 이것은 어디까지나 가능성이다. 이 가능성이 실생활에 들어오기 위해서는 많은 문제를 해결해야 한다.

익명화와 탈중앙화 시스템이 우리에게 줄 수 있는 이득은 무엇인가? 개인키를 잃어버리면 찾을 수도 없고, 한 번 거래를 위해 수많은 검증을 거쳐야 하는 등 많은 시간이 필요한 시스템을 꼭 써야하는 이유가 있을까? 언제든 가치가 0이 될 수 있는 학종이(코인)을 굳이 보유해야 하는 이유는 무엇일까?

이제 우리는 다시 본질적인 질문으로 돌아와야 한다.

2장을 정리하며

팟캐스트 '블록킹' 15-2화

 블록체인을 소꿉놀이에 비유한 이유는 진입 장벽을 낮추기 위함이다. 온라인에서 일어나는 일들을 오프라인과 1대1로 매칭하기는 어렵다. 따라서 이 단계에서는 블록체인의 컨셉을 이해하는 정도로 시작하고, 더 많은 서적들을 통해 지식을 쌓아가기를 권한다.

블록체인·암호화폐 고수가 되는 길

1. 이 책을 정독한다.
2. 이 책 목차와 관련된 팟캐스트 '블록킹' 에피소드를 찾아 듣는다.
   (아래 팟캐스트 주소)

3. 비트코인 백서를 찾아서 읽는다.
4. 이더리움 백서를 찾아서 읽는다.
5. 개발을 해보고 싶은 마음이 들었다면 'dapp campus' 유튜브 강의를 듣는다.
6. 질문이 있다면 yellowboy1010@hanmail.net 또는 유튜브 영상 또는 겜퍼 페이스북 페이지에 댓글을 남긴다.
7. 암호화폐를 경험하고 싶다면, 거래소에서 비트코인을 구매한다.
8. 개인 지갑(하드 월렛, 종이 지갑 등)에 비트코인을 옮겨 본다.
9. 비밀 번호를 잊어버려 비트코인을 잃어버려 본다.
10. 비트코인 가격이 폭락하여 멘붕을 경험해 본다.
11. 모든 것이 부질없음을 깨닫는다.
12. 이 시기를 모두 겪었다면, 블록체인/암호화폐 초입길에 들어온 것이다.
13. 이를 3년 간 반복하면 둘 중 하나다. 고인물이 되거나 업계에 없거나.

3장

다양한
암호화폐

비트코인

팟캐스트 '블록킹' 30-1화

기린동생 : 오빠, 그럼 블록체인은 전 세계에 하나만 있어?

기린 : 아니. 하나만 있어서 모두가 공유하면 가장 좋겠지만, 지금은 전 세계적으로 수백 가지 블록체인이 있어.

기린동생 : 장부 하나를 공유한다면서 뭐 그리 많아?

기린 : 실생활에서도 집에서 쓰는 장부, 회사에서 쓰는 장부, 가게에서 쓰는 장부 등 각자 목적과 용도가 다른 장부들이 있는 것처럼, 블록체인도 용도에 따라 여러가지 종류가 있어. 하나의 장부로 모든 문제를 해결하면 좋겠지만 아직 그런 전설의 블록체인은 나오지 않았지.

기린동생 : 그럼 걔네들을 다 알아야 해?

기린 : 오빠가 지금부터 중요한 블록체인 위주로 쪽집게 정리를 해줄게. 시험에 나온다. 첫 번째는 비트코인이야. 블록체인의 원조지.

비트코인은 블록체인과 암호화폐를 공부하는 사람이라면 가장 먼저 접하는 단어일 것이다. 사실 비트코인이 블록체인이고 블록체인이 비트코인이라고 해도 과언이 아닐 만큼, 둘은 떼려야 뗄 수 없는 관계이다.

앞서 우리는 가계부와 원장 - 블록체인을 비교하여 설명 했다. 비트코인은 이 비유를 가장 잘 충족하는 블록체인이다. 가계부에는 정확하게 돈의 거래만이 작성되고, 추가적으로 그 돈을 누가 쓸 수 있는지가 적힌다.

비트코인은 2008년 사토시 나카모토가 작성한 Bitcoin: A Peer-to-Peer Electronic Cash System 이라는 논문을 통해 처음 세상에 공개되었다. 이후 2009년 1월, 첫 비트코인 프로그램이 공개되었다. 그리고 이듬해인 2010년, 사토시 나카모토는 자취를 감추었고 비트 코인은 커뮤니티에 의해 개발 및 유지보수되었다. 한가지 재밌는 사실은 아직 사토시 나카모토가 누군지 밝혀지지 않았다는 점이다. 사토시 나카모토가 한 명의 일본인일 것이다라는 가설도 있고, 여러 학자들의 그룹명일 수도 있다는 가설도 있다.

큰 그림을 통해 비트코인이 어떻게 동작하는지 살펴보자.

비트코인의 동작 과정은 크게 세 부분으로 나눌 수 있다.

> 1. 거래를 만든다 - 영희가 철수에게 50원을 준다
> 2. 거래가 블록에 들어간다 - 마이닝
> 3. 블록이 비트코인 네트워크에 전파된다 - 영희와 철수가 거래를 했다는 사실을 모두가 알게 된다

이제 '거래를 만든다'라는 말이 등장했다. 거래 혹은 트랜잭션 (Transaction) 등 다양한 방식으로 표현되는 과정인데, 소꿉놀이 비유에서는 학종이를 다른 사람에게 전달하는 행위로 설명했었다. 하지만 블록체인에는 종이 화폐처럼 화폐가 따로 있지 않다. 다만 원장이 있을 뿐이다. 따라서 거래를 만든다는 말은, 영희가 가지고 있는 잔고 중 일부를 철수에게 전달하는 '기록'을 요청하는 과정을 뜻한다. 화폐를 전달하는 것과 달리, 장부에 기록을 요청하는 것이다. 따라서 영희가 철수에게 50원을 준다는 것의 의미는, 실제로 현금 같은 것이 오고 가는 것이 아니라, 장부에 기록된 잔고를 바꿔 추후에 철수가 50원을 타인에게 이체시킬 수 있는 권리를 부여하는 것이다.

거래가 블록에 들어간다는 것은 소꿉놀이에서 검증자들이 요청한 거래를 기록했다는 의미이다. 단, 오해하면 안 되는 것이 거래가 장부에 들어갔다고 하더라도 아직 쓸 수 있는 것은 아니다. 선착순과 같은 경쟁 과정을 거쳐 하나의 장부가 선택되고 모든 참여자들에게 공유가 되어야 비로소 쓸 수 있는 것이다.

다시 말해, 블록이 비트코인 네트워크에 전파되어야 이체된 돈을 쓸 수가 있다. 여기서 잠시 기억해두어야 할 것이 있다. 장부는 공개되어 있고 악의적 참여자에 의해 조작될 여지가 있다는 것을

잊지 말아야 한다. 따라서 여러 건의 거래가 장부에 업데이트된 뒤에 쓰는 것이 안전하다. 비트코인에서는 흔히 6컨펌(Confirmation)을 기다린다고 이야기한다. 6개의 장부가 쌓인 이후에 돈을 이체하는 것이 안전하기 때문에, 6컨펌을 기다린 후 이체시키는 것을 기준으로 삼아야 한다는 것이다. 하지만 6컨펌을 반드시 기다려야 하는 것도 아니고 6컨펌이 마지막인 것도 아니다. 이후에 장부가 더 쌓이면 컨펌의 수는 계속 늘어난다. 비트코인의 블록 생성 시간은 평균 10분이고, 6컨펌이면 약 1시간을 기다려야 한다. 이체 시간을 줄이기 위해 1컨펌이나 3컨펌 이후 이체를 허용하는 기관들도 있다. 하지만 이 역시도 긴 시간이 필요하다. 때문에 비트코인이 실생활에서 쓰이기엔 많은 어려움이 따른다는 소리가 끊이지 않는다.

위와 같은 일련의 동작들을 인간이 일일이 처리하기엔 작업량이 많다. 하지만 걱정할 필요는 없다. 비트코인은 프로그램에 의해 동작하기 때문이다. 인간은 비트코인 '지갑'이라는 프로그램을 설치하기만 하면 된다.

비트코인은 중앙기관이 통제하지 않고 운영되는 세계 최초의 분산 암호화폐이다. 엄마들끼리 손에서 손으로 직접 주고 받아야 하는 공동 가계부와 달리, 비트코인은 P2P(Peer to Peer) 방식으로 거래와 블록을 전파한다. 기존의 달러나 엔화 같은 화폐들이 각 국가의 주요 기관에 의해 발행량과 발행시점이 정해지는 것과 달리, 비트코인은 참여 노드가 마이닝이라는 과정을 통하여 비트코인 발행 및 분배에 관한 합의에 이른다. 기존의 화폐는 화폐를 발행하는 국가가 제 역할을 하지 못하거나 화폐를 이용할 수 있는 국가로 넘어가면 화폐 가치가 떨어지게 되지만, 비트코인은 국가도 없고 국경도 없어 자유로이 이용할 수 있다.

비트코인은 비트코인-코어 라는 지갑 프로그램을 통해 이용할 수 있다. 일반적인 게임 프로그램처럼 실행하여 비트코인을 보내고 받을 수 있다. 다만, 처음 비트코인 지갑 프로그램을 이용하기 위해서는 다소 시간이 필요하다. 지금까지 생성된 모든 블록체인을 다운로드받아야 네트워크에 참여할 수 있기 때문이다. 소꿉놀이로 따지면, 다른 사람들이 갖고 있는 장부를 동일하게 가져야 검증을 할 수 있다. 때문에 모든 장부를 다운로드받는 시간이 필요하다. 쌓인 장부가 많으면 많을수록 다운로드 시간이 길어진다. 하지만 블록체인 데이터를 모두 다운받고 나면 얼마든지 원하는 거래를 만들 수 있고, 마이닝을 할 수 있게 된다.

비트코인의 채굴은 Proof Of Work라는 방식을 이용한다. 앞에서 언급했듯, 이 방식은 어려운 수학 문제를 푼 사람이 새롭게 생성되는 비트코인을 가져가는 방식이다. 새롭게 생성되는 비트코인의 양은 일정 기간이 지날 때마다 점점 줄어들며, 전체 발행량이 2,100만개가 되면 자동으로 발행이 정지된다. 가계부에 기록을 하기 위해 특정한 규칙을 따랐던 것처럼, 비트코인 블록체인에도 거래를 더 적으려면 특별한 규칙을 지켜야 한다. 이른바 채굴이라고 하는 복권 게임이다. 연산 프로그램을 가동 시켜 특정한 숫자를 만든 후, 숫자 맨 앞에 일정한 개수의 0이 붙게 하는 것이 주요 규칙이다. 이 작업을 하는 이유는 비트코인을 보상으로 얻기 위함이다. 비트코인 가격이 오르면서 경쟁이 점점 치열해졌다. 이에 따라 연산에 투여되는 전기량이 매우 커졌는데, 이것이 환경 오염을 야기한다는 지적이 나오기도 한다.

Version	02000000
Pervious block hash (reversed)	17975b97b18ed1f7e255ad f297599b55330edab8780 3c8170100000000000000
Merkle root (reversed)	8a97295a2747b4f1a0b3948 df3990344c0c19fa6b2b92b 3a19c8c6babc141787
Timestamp	358b0553
Bits	535f0119
Nonce	48750833
Transaction	63
Coinbase transaction	
transaction	
...	

→ 0000000000000000 e067a478024addfe cdc93628978aa52d 91fabd4292982a50

공동 가계부의 거래내역들을 모두가 볼 수 있었던 것처럼, 비트코인 블록체인에서는 모든 거래 내역을 투명하게 볼 수 있다. 비트코인이 언제 어떤 블록에서 얼마만큼 생성되어서 누구에게 할당되었는지, 어떤 주소가 어떤 주소로 얼마를 보냈는지 등, 모든 기록을 볼 수 있다. https://blockexplorer.com 과 같은 웹사이트를 방문해보자. 모든 거래내역을 실시간으로 볼 수 있다. 가장 비트코인을 많이 소유한 주소도 볼 수 있음은 물론이다. 그렇다고 오해해서는 안 될 부분이 있다. 비트코인은 '실명'을 전제로 하는 것이 아니기 때문에 공개가 되었다고 해서 실제 사람이 보유한 비트코인 개수를 알 수 있는 것은 아니다. 다만, 특정 주소(문자열로 이루어짐)에 얼마의 비트코인이 있는지 정도만 알 수 있을 뿐이다. 게임 아이디를 안다고 해서 그 사람이 누구인지 알 수 없는 것과 비슷한 이치다.

처음 비트코인 지갑을 실행하여 비트코인을 사용하기 위해서는 비트코인을 누군가로부터 얻어야 하는 것이 일반적이다. 비트코인을 가지고 있는 사람에게 물건을 주고 비트코인을 받을 수도 있고, 거래소에서 현금을 갖고 구매할 수도 있다. 또 다른 방법은 위에서 언급했듯 채굴을 통하여 비트코인을 얻는 것이다. 하지만 일반인이 채굴을 하는 것은 쉬운 일이 아니다. 채굴을 위해서는 연산을 위한 장비들이 필요한데 경쟁이 치열해지면서 낮은 사양의 컴퓨터로는 경쟁에서 이길 수 없기 때문이다. 고등학교 수학 문제를 놓고 대학생과 초등학생이 경쟁한다고 생각하면 바로 와닿을 것이다.

  비트코인을 받으려면 은행 계좌처럼 자신만의 비트코인 주소를 가져야 한다. 비트코인 주소는 비트코인 지갑 프로그램을 실행하면 자동으로 생성되는데, 개인이 직접 만드는 것도 가능하다. 이때 비트코인 주소를 생성하기 위해서는 '개인키' 라는 열쇠 데이터를 이용해야 한다. 이 열쇠 데이터는 비트코인을 사용하기 위해 필수적으로 가져야 하는 중요한 데이터이다. 이 열쇠 데이터는 절대 잃어버리면 안 되며, 여러 장소에 여러가지 방법으로 백업을 해놓는 것이 좋다(이와 관련하여 '소유권 증명이란?' 챕터를 읽어보길 바란다.). 이 열쇠 데이터만 잘 가지고 있다면 세계 어느 나라를 가서도 본인이 소유한 비트코인을 자유롭게 이용할 수 있다.
  비트코인 지갑은 자신이 들고 있는 개인키가 사용할 수 있는 비트코인 잔고를 알고 있다. 가계부에서는 각 주체가 단순히 은행 계좌처럼 돈을 주고 받는 거래를 기록했지만 비트코인은 수표 거래와 비슷한 방법으로 주고 받는다. 이때 비트코인에서 수표에 해당하는 것이 UTXO(Unspent Transaction Output)라는 것이다. 우리가 10,000원짜리 수표를 가지고 있다고 하자. 영희에게 1,000원짜리 과자를 사먹으려면 어떻게 해야 할까? 일단 10,000원을 내고 9,000원은 돌려 받으면, 1,000원을 쓰게 된다. 비트코인 UTXO도 비슷한 방식으로 동작한다. 조금 더 복잡한 사례를 생각해보자.

  나에게 1,000원, 5,000원, 10,000원권 수표가 있는데 가격이

5,500원인 아이스아메리카노를 사먹으려면 어떻게 해야 될까? 1,000원, 5,000원권 수표를 점원에게 주고 500원을 거슬러 받아야 할 것이다. 위의 비유처럼 비트코인 지갑은 쓸 수 있는 수표들을 모아 잔고를 관리한다. '쓸 수 있는 수표'를 UTXO라 하는데, 이 수표 들의 합이 잔고가 된다. 필요할 때 적당량의 수표를 모아 사용할 수 있는 것이다.

UTXO에는 인풋(input)과 아웃풋(output)이라는 개념이 있다. 인풋은 내가 사용한 돈을 뜻하고 아웃풋은 그 돈이 누구에게 갔는지를 뜻한다. 위의 비유를 통해 살펴보면, 인풋은 나의 1,000원, 5,000원권 수표이고 아웃풋은 점원에게 5,500원, 나에게 500원이다. 점원은 나에게 받은 5,500원을 자신의 인풋으로 사용하게 된다.

비트코인 블록체인은 위 두 가지 방법, 즉 1) 채굴을 통한 블록체인 늘리기 2) UTXO의 in-out-in-out 연결을 통해 거래의 투명성과 무결성을 보장한다.

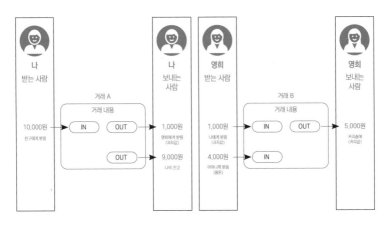

비트코인 장부에 적는 방식을 현실 세계의 언어로 묘사를 했지만, 실제 블록체인에 저렇게 적지는 않는다. 가계부에는 '철수

엄마 : 10,000원 가져감'이렇게 적는다면, 비트코인 블록체인에는
아래와 같은 문자열이 기록된다.

0200000001df3150a4cf121ef1ec6156483a883d5f390745365bb18fce061f5c97a45
29cbc000000006a473044022065ca18d547f5fcec2f2ad6b845b7d6ea428fabebabf
7d709a5d7c171fee6b1f702206d19aa82c6276cb0e328c55f0084f15daf6a6299934
66f18b14feab49fbdf454012102d2821ba2648aeac7fca2519b17551f30e2e9964aad
14b65ae7c54e055f65f2e3fefffffff0289f9ec05000000001976a9146cc02e8c4dd31a6
7ae1b64c07069f50369ba1be588ac00000000000000000c6a0a74776963655a5a61
6e6700000000

  실제로 이런 문자열이 적히는데, 우리가 식별할 수 없기 때문에
생소하다고 느끼기가 쉽다. 하지만 우리가 이 문자열을 알아야
하는 것은 아니다. 비트코인 지갑만 이해할 수 있는 표현이다.
이러한 문자열을 프로그램이 해석하면 누가 누구에게 보냈는지,
어떤 사람만 쓸 수 있는지 등 다양한 정보를 알 수 있다. 사용자는
몰라도 비트코인을 쓰는 데 지장이 없다.

  우리는 가계부를 쓸 때, 때때로 간단한 메모를 남긴다. 가계부를
돌려 보는 주체들은 이 메모들을 모두 볼 수 있다. 만약 가계부에
'노란색 곰돌이 지우개는 영희의 것' 이라고 적는다면, 노란색 곰돌이
지우개가 영희의 것임을 모두 알게 될 것이다. 비트코인에서도
블록체인에 짧은 메모를 남기는 것이 가능하다. 'OP_RETURN'이라는
방식을 이용한 데이터 올리기가 바로 그것이다.

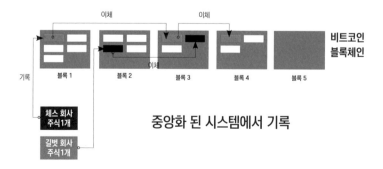

비트코인 블록체인에 '~는 ~것' 과 같은 방식으로 짧게 메모를 적으면, 그 트랜잭션은 비트코인 거래로서의 가치뿐 아니라 새로운 가치를 지니게 된다. 마치 코인에 색을 칠한 것과 같다고 하여 '컬러드 코인'이라고 부른다. 컬러드 코인은 비트코인에서 가장 많이 사용되는 비트코인 응용 서비스이다. 블록체인에 'A의 땅은 B의 것' 과 같은 글자를 새김으로써 일종의 공증화를 하고, 이런 식으로 비트코인 거래에 여러 가지 가치를 부여할 수 있게 되는 것이다. 이처럼 조작되기 어렵다는 블록체인의 특성에 주목하여 여러 시도들이 이루어지고 있다. OP_RETURN을 이용하여 제3기관을 거치지 않는 주식 발행 시스템을 시도하기도 했다. 원리는 갖다. 메모 부분에 'OO전자 100주'라고 적어두는 것이다.

비트코인은 달러 등과 같은 법정화폐처럼 점차 우리의 일상 속으로 들어오고 있다. 국내를 포함하여 해외의 많은 상점 및 기업들이 결제 수단으로 비트코인을 사용하고 있다. 국경을 가리지 않고, 온·오프라인을 가리지 않는 비트코인의 사용성은 그야말로 무궁무진하다.

재밌는 비트코인 결제 사례가 있다. 최초 사례는 피자 두 판을 20,000 비트코인으로 결제 한 사례다. 비트코인을 천만 원대로 가정하면, 피자 두 판을 2억 원에 산 셈이다. 이 것이 사례로는 재밌긴 하지만 아직 비트코인이 일상 생활에서 쓰이기 어렵다는 의미이기도 하다. 시세 등락 문제도 있고, 안정적으로 자산을 이체시키기 위해서는 15~30분 정도가 걸리기 때문에 아직 해결해야 할 문제가 많다.

원래 비트코인을 사용하기 위해서는 자신의 컴퓨터에 비트코인 지갑 프로그램을 설치하고, 100GB가 넘어가는 블록체인 데이터를 모두 다운받아야 했다. 하지만 요즘은 비트코인을 간편하게 이용할 수 있다. 스마트 폰에 지갑 앱을 설치하기만 하면 손쉽게 이용 가능하다. 지갑 앱에서 비트코인 주소와 개인키를 생성하고, QR코드로 다른 사람의 주소를 인식하여 원하는 만큼의 비트코인을 전송하면 끝이다. 지갑 앱은 블록체인 데이터를 전부 다운받지 않아도 거래를 할 수 있어 편리하다. 이런 가벼운 지갑 앱들을 'SPV 노드'라 부른다. 우리가 가계부에 어떤 내용을 적을 때, 앞선 거래를 모두 알 필요 없이 현재 잔고만 알면 되듯이, SPV 노드도 자신의 잔고만을 알고 있다.

쉬운 이해를 위해 빗대어 표현하면, SPV 노드는 소꿉놀이에서 장부를 가지지는 않지만 놀이에 참여하여 학종이를 전송하는 참여자들을 의미한다. 따라서 마이닝에 의한 보상은 받을 수 없다.

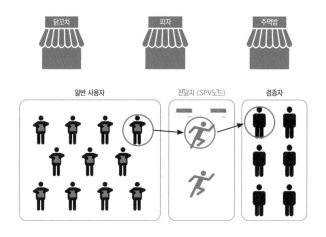

비트코인의 탄생 이유 및 철학을 한 단어로 표현하면 탈중앙화 (decentralization)라고 할 수 있다. 앞서 독자의 이해를 돕기 위해 블록체인을 소꿉놀이에 비유하고 아는 사람들끼리 참여하는 상황을 가정하였지만, 사실 비트코인은 서로 신뢰할 수 없는 익명

의 사람들이 신뢰할 수 있는 정보를 공유하기 위해 탄생하였다.

비트코인이 탄생하기 이전인 2000년대에 중앙화된 회사가 발행하는 e-gold 라는 디지털 기반 화폐가 있었지만 여러가지 이유로 살아남지 못했다.

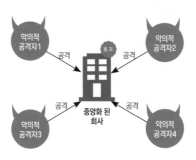

비트코인을 만든 사토시 나카모토는 이에 대해 중앙화된 시스템이 문제였다고 지적하며, 어떻게 탈중앙화 화폐를 발행하고 사용할 수 있을지에 초점을 맞추었다. 탈중앙화는 블록체인에서 매우 중요한 특성이다. 이를 이해하기 위해 얼굴 한 번 보지 않은 사람과 계약서를 쓴다고 가정해보자. 이런 의문들이 들 수 있다.

'이 사람을 믿을 수 있을까?'
'이 사람이 써준 계약서를 신뢰할 수 있을까?'

'계약서를 쓸 때 서로 두 장을 나눠가졌다고 하자. 다음에 만났을 때, 상대방이 본인의 계약서를 마음대로 수정하고 원래 그것이 계약 내용이었다고 주장하면 어떻게 해야할까?'

모르는 사람들간의 계약 및 거래는 쉬운 일이 아니다. 때문에 일반적인 금전 거래는 은행이라는 신뢰 기관을 통해, 계약은 변호사를 통해 진행된다. 서로 알지 못하는 다자간의 신뢰관계는 믿을 수 있는 제 3자를 통해 성립되는 것이 일반적이다.

계약서 위변조 문제도 무시할 수 없다. 이를 막기 위해 인감을 만들고 수많은 서류에 서명을 한다. 안전한 거래를 위해 복잡한 절차들이 계속 늘어나게 되는 것이다.

제 3자를 통한 단순 거래도 쉽지 않은 상황에서 탈중앙화된 화폐 시스템을 만들겠다는 생각은 어찌보면 무모할 수 있다. 이 무모한 도전을 완수하기 위해 앞서 설명한 PKI 시스템이나 특정의 증명 시스템이 필요해졌고, 인센티브와 같은 여러 요소들이 블록체인 시스템 안으로 들어오게 됐다.

탈중앙화가 구현되면 악의적 집단이 비트코인 시스템을 무너뜨리기 위해 특정 노드 하나를 공격해도 타격을 받지 않는다. 한 노드를 망가뜨려봤자 수많은 노드 중에 하나가 없어진 것일 뿐, 블록체인 시스템 자체를 유지하는 데 거의 영향을 미치지 못하기 때문이다.

계약서를 썼는데 계약을 중개해준 변호사가 사라지면 어떻게 될까? 그 계약서는 휴지조각이 될 것이다. 계약 상대방이 임의로 계약서의 내용을 수정하더라도, 그것이 수정된 것이라고 증명할 방법 또한 없다. 금전 거래를 했는데 은행이 없어진다면? 결과는 더욱 심각하다. 은행은 이용자의 신용을 보증할뿐 아니라 자산도 함께 가지고 있기 때문이다.

비트코인 블록체인은 기술뿐 아니라 사회 및 경제적 구조를 포함한 설계 모델을 가지고 있기 때문에 이해하기 어려우면서도 재미있다. 기본적으로 비트코인이 탈중앙화를 목표로 하기 때문에 앞서 설명한 모델들이 조합되었다는 것을 기억해야 할 것이다. 이후에 나올 코인들도 여러가지 장단점과 다양한 기술이 있지만 기저에 깔려있는 철학이 어떤 것이냐에 따라 방향성이 달라진다는 것을 알면 좀 더 쉽게 해당 블록체인의 시스템을 이해할 수 있다.

비트코인은 블록체인의 원조이지만, 이후에 나온 여타 코인들에 비해 여러 가지 단점을 가지고 있다. 다른 사람에게 전송한 비트코인을 확인하는 데 최소 15~30분이 걸린다는 점, 스마트 컨트랙트라고 하는 암호화폐를 이용한 자동처리시스템을 이용하기 어렵다는 점 등이 그것이다.

다음 장에서는 비트코인의 단점을 혁신적으로 보완한 이더리움에 대하여 알아본다.

이더리움

팟캐스트 '블록킹' 16-2화

기린 : 스마트 컨트랙트! 스마트 컨트랙트! 스마트 컨트랙트!

기린 동생 : 뭐라는 거야…

기린 : 이 단어만 알면 이더리움은 끝이야.

기린 동생 : 스마트 컨트랙트? 똑똑한 계약? 뭐야 그게.

기린 : 암호화폐 위에 프로그래밍을 할 수 있는 시스템을 '스마트 컨트랙트'라고 해.

기린 동생 : 그게 뭐?

기린 : 엄마가 너한테 밥 사 먹으라고 만 원을 줬어. 그런데 네가 술집에 가서 그 돈을 쓰려고 하면, 돈이 스스로 지불 거부를 하는 거야. 돈에 '지능'이 생긴 거지.

기린 동생 : 으엑…

비트코인이 암호화폐 시장에서 부각된 후 많은 사람들이 다음과 같은 생각을 했다.

'단순히 돈을 주고 받는 것보다 더 복잡한 것을 할 수 있지 않을까?'

위 의문으로부터 탄생한 것이 이더리움과 같은 블록체인이다. 이더리움은 이전에 언급한 가계부에서 진화된 형태이다. 간단한 결제 로직은 오프라인의 가계부로 비유가 가능했지만, 이더리움은 가계부에 컴퓨터 프로그래밍을 할 수 있다는 특징이 있기 때문에 바로 와닿지는 않는다. 하지만 조금이라도 피부로 느낄 수 있도록 억지 비유를 들면 다음과 같다.

영희 엄마, 철수 엄마, 기린 엄마, 길벗 엄마가 모여 장부 소꿉놀이를 하고 있다. 기본 규칙은 거의 동일하다. 모든 사람들이 동일한 장부를 갖고 있어야 한다. 그런데 이전과는 다른 특징이 있다. '조건부 이체'라는 규칙이 추가된 것이다. 영희 엄마가 장부에 다음과 같이 적는다.

'나한테 100만 원 모이면 불우이웃 돕기 계좌로 보낼게.'

이후로 철수 엄마, 기린 엄마가 순서대로 번갈아 영희 엄마에게 돈을 보낸 거래를 기록했다. 이어 길벗 엄마가 돈을 보냈는데 영희 엄마에게 간 돈이 총 100만 원이 되었다. 이때 장부 검증에 참여하고 있던 길벗 엄마는 생각했다.

'어! 영희엄마에게 100만 원이 모였네. 불우이웃 돕기 계좌로 보내야지.'

이 규칙을 통해 영희 엄마는 불우이웃 돕기 계좌로 100만 원을 자동으로 보낼 수 있게 된다. 이와 같이 이더리움을 활용하면 자금 거래에 다양한 조건을 추가할 수 있다.

이더리움은 비트코인 매거진의 운영자였던 비탈릭 부테린이 만든 2세대 블록체인으로, 위에 설명한 스마트 컨트랙트를 주요한 기능으로 갖는다. 이후 QTUM, NEO, EOS와 같은 여러 스마트 컨트랙트를 이용할 수 있는 다양한 블록체인들이 등장하였다.

이더리움도 비트코인과 마찬가지로 이더리움 지갑 프로그램을 이용하여 이더리움을 주고 받을 수 있다. 비트코인과 다른 점은, 스마트 컨트랙트를 블록체인에 배포할 수 있는 기능을 가졌다는 것이다. 따라서 조건부 이체와 같은 다양한 형태의 이체가 가능하다. 스마트 컨트랙트가 일반적으로 비트코인과 이더리움을 구분짓는 가장 큰 특징이긴 하나, 이더리움에는 더 다양한 특징이 있다.

비트코인 네트워크에서 발생한 또다른 중요한 문제는 비트코인을 채굴하는 전문 기계가 등장했다는 것이다. 비트코인을 설계한 사토시 나카모토는 비트코인을 채굴할 때 사람 한 명 당 컴퓨터 한 대를 사용할 것이라고 가정했었다. 만약 모든 사람에게 컴퓨터가 한 대씩만 있다면 똑같은 채굴력을 가질 수 있고, 동등하게 비트코인을 분배받을 기회가 주어졌을 것이다. 하지만 더 많은 채굴을 원했던 사람이 비트코인 채굴용 수학문제를 푸는 전문 기계인 ASIC를 발명했고 이후 ASIC만 대량으로 사용하는 채굴 공장 같은 것들이 마구 생겨났다. 결국 일반 사람들이 가진 컴퓨터로는 더 이상 채굴을 할 수 없게 됐다. 공장주들만 비트코인을 채굴 할 수 있게 됐다. 비트코인은 첫 고안과는 다르게 채굴의 중앙화·대규모화가 이루어졌다. 이 때문에 비트코인의 네트워크가 믿을만하다고 이야기할 수도 있다. 그러나, 이더리움은 본래의 탈중앙화 철학을 고수하여 ASIC과 같은 채굴 전문 기계를 사용할 수 없도록 더 정교한 수학문제를 고안해냈다. 현재 이더리움은 비트코인과 달리 그래픽 카드를 이용해 채굴을 해야한다.

 하지만 그래픽 카드 또한 완전한 해결책은 아니다. 아직까지 공장 단위로 돌리기에는 ASIC보다 그래픽 카드를 이용하는 채굴이 훨씬 어려울 정도다. 그래서 이더리움에서는 수학 문제를 푸는 POW 방식에서 모두가 참여할 수 있는 지분 증명 방식인 POS로 전환하려고 한다.

 POS(Proof Of Stake)는 지분 증명 방식이라 불리우는 새로운 채굴 방식이다. 간접 민주주의에서의 국회의원과 국민처럼, 이더를 많이 가진 몇몇의 블록 생산자들이 블록을 생산할 수 있다. 만약 이들이 잘못된 블록을 생산하거나, 악의적 행동을 하는 경우 가진 이더를 빼앗기게 된다. 이처럼 이더를 많이 가진 사람이 블록을 생산할 수 있기 때문에 지분 증명이라고 표현한다.

 앞선 소꿉놀이 비유에서는 학종이를 화폐로 다루었다. 지분 증명 방식을 이 비유에 적용하면 학종이를 더 많이 가지고 있는 사람을 믿는 방식이다. 학종이를 적게 가진 사람은 학종이를 화폐로 다루는 이 소꿉놀이를 소중하게 생각할 필요가 없다. 하지만 학종이를 많이 가진 사람은 자신이 가진 학종이들의 가치를 올리기 위해, 소꿉놀이 모임을 위한 자발적 행동을 할 것이다. 이런 지분 증명 방식이 가능한 이유는 학종이(암호화폐)가 특정 국가나 기관에서 가치를 조절하는 게 아니라 완전히 개방된 환경에서 철저히 시장 논리에 따라 가치가 매겨지기 때문이다. 만약 학종이를 많이 가진 사람이 나쁜 행동을 한다면, 다른 사람들은 자연스럽게 모임을

떠날 것이고, 학종이를 다른 물건과 바꿔 이 모임과의 연결고리를
끊으려고 할 것이다.

 이 방식의 장점은 더 이상 채굴기가 필요하지 않다는 것이다.
앞에서 심각하게 다루지는 않았지만, 수학 문제를 풀어야 하는
채굴은 사실 방대한 양의 전기를 소모한다. 문제는 이렇게 소모되는
전기 대부분이 쓸모없어 진다는 점이다. 채굴 성공의 보상은 단
하나의 계좌만 얻을 수 있기 때문에, 다른 채굴자들은 의미없이
전력낭비만 한 꼴이 되고 만다. 또한 ASIC의 보급화로 공장 단위의
채굴기를 사용하는 채굴자들이 보상을 받을 확률이 높아지면서
빈부 격차가 점점 벌어지기도 한다. 이로 인해 비트코인 네트워크는
처음 의도했던 분산화와는 점점 더 거리가 멀어지게 된다. 하지만
이더리움의 경우 이더만 보유하고 있으면 모두가 채굴(블록
생성)에 기여할 수 있기 때문에 전기를 낭비량이 적다.

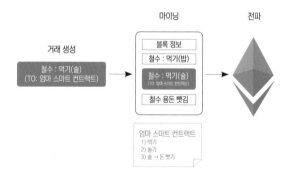

이더리움의 동작 구조도 비트코인과 크게 다르지 않다.

1. 철수가 술을 먹는다 - 스마트 컨트랙트를 실행하는 거래 생성
    a. EVM에서 거래를 실행하고 검증한다
2. 거래가 블록에 들어간다 - 마이닝
3. 거래가 네트워크에 전파된다 - 모든 사람들이 알게 됨

일련의 과정들은 비트코인 지갑처럼 이더리움 지갑에서 자동으로 처리해준다. 또한 스마트 컨트랙트를 배포하는 일도 이더리움 지갑이 해주기 때문에, 사용자는 간단하게 지갑 프로그램을 열어서 실행만 하면 된다. 다만 이더리움은 두 가지 면이 비트코인과 다르다. 바로 EVM과 State Database의 존재이다. 비트코인에서는 UTXO라는 모델을 이용하여 잔고를 관리했다. 이더리움에서는 비트코인과는 완전히 다른 모델을 이용하여 잔고 및 스마트 컨트랙트를 관리한다. 이제 이더리움의 잔고 관리 모델을 살펴보자.

일반계좌

이더리움 잔고

스마트 컨트랙트 전용 계좌

이더리움 잔고

컨트랙트 코드

이더리움에서는 거래를 할 때 비트코인의 UTXO-수표 모델과는 다르게 일반적인 은행 계좌 모델을 이용한다. 우리가 앞에서 봤던 가계부를 이용하는 방법과 비슷하다. 영희가 1,000원을 가지고 있다가 철수에게 300원을 줄 때 그냥 300원만 주면 되는 것이다. 다만, 이더리움은 가계부와 달리 메모지(스마트 컨트랙트)를 포함하는 돈이 있다. 메모지를 포함한 거래는 가계부에 해당 조건을 포함하여 특정 계좌에 기록되고, 이 계좌의 돈을 사용할 땐 반드시 이 메모지의 조건을 따라야 한다. 여기서 생각해 봐야 할 점이 있다. 기존 가계부에서는 '잔고'와 '보내는 주소', '받는 주소'만 확인하면 됐는데, 이더리움에서는 여러 조건들을 확인해야 하고 계산을 해야한다. 그럼 이더리움 블록체인에서 메모지를 읽고 이해하는 역할을 하는 것은 누구일까?

이더리움에서는 사람의 뇌에 해당하는 EVM(Ethereum Virtual Machine)이 그 역할을 담당한다. EVM은 거래에 쓰인 조건을 읽고 그 조건에 맞는 행동을 할 수 있게 해준다. 만약 말도 안되는 조건이 써있다면 거부하기도 하지만 EVM이 있기 때문에 스마트 컨트랙트가 가능하고, 이 것이 비트코인과 두드러진 특징을 나타낸다.

물론 비트코인에도 뇌가 없는 것은 아니다. 비트코인에도 간단한 조건을 기록할 수는 있지만 이더리움만큼 복잡한 연산을 추가하기는 어렵다. 아이와 어른의 차이라고 생각 하면 쉽다.

스마트 컨트랙트와 관련해 하나 더 언급하자면, 사람은 한국어나 영어 같은 언어로 다른 사람들과 의사소통을 할 수 있다. 일반적으로 스마트 컨트랙트는 솔리디티(Solidit)라는 언어로 소통한다. 컴퓨터 세상 속 언어이다.

이제 이더리움의 큰 특징이자, 가장 대중적으로 알려져 있는 ERC20(Ethereum Request for Comment 20)에 대해 이해할 차례다. 아마 코인 거래를 해본 사람들은 ERC20을 잘 알고 있을 것이다.

어릴 때 부모님께 선물로 드리기 위해 안마 쿠폰 같은 것을 만들어 본 적이 있을 것이다. 이더리움에서도 이와 같이 본인이 어떤 서비스의 제공을 약속하고 토큰이라는 것을 발행할 수 있다. 이는 자신이 새로운 화폐를 발행한 것과 같다. ERC20은 새롭게 발행한 토큰 및 화폐의 규칙을 정의한 것이다.

철수는 조개껍데기를 토큰으로 나눠주고, 영희는 학종이에 글자를 써서 토큰으로 나눠준다고 하자. 둘이서 교환할 땐 괜찮겠지만, 다른 친구들도 각각 물건을 정해 토큰으로 나눠주면 거래가 진행될수록 정신이 없어질 것이다. 그래서 간단하게 학종이에 글자를 써서 교환하는 것으로 규칙을 정한 것이 ERC 20이다. 물론 반드시 이를 따라야 한다는 것도 아니고, 이 규칙만 존재하는 것도 아니다. 계속해서 언급하고 있듯이 블록체인은 참여자들이 정의하는 체계이다. 다만, 이더리움 네트워크에서는 ERC20을 가장 보편적인 규칙으로 여겨 따른다. ERC20의 규칙을 간단히 살펴보면 다음과 같다.

---

1. 전체 발행량
2. 특정 토큰의 현재 잔고
3. 전송
4. 허락(다른 친구에게 내 토큰을 조금 쓸 수 있게 허락해주기)

서로 토큰과 화폐를 주고 받기 위한 최소한의 규칙으로, 이 과정을 거쳐야만 서로 거래할 수 있는 물건으로 취급한다. 실제로 암호화폐 거래소에서는 이 규칙을 통해 등록(상장)될 수 있다.

ERC20의 세부 규칙은 다음과 같다.

---

1. totalSupply [Get the total token supply]
2. balanceOf(address _owner) constant returns (uint256 balance) [Get the account balance of another account with address _owner]
3. transfer(address _to, uint256 _value) returns (bool success) [Send _value amount of tokens to address _to]
4. transferFrom(address _from, address _to, uint256 _value) returns (bool success)[Send _value amount of tokens from address _from to address _to]
5. approve(address _spender, uint256 _value) returns (bool success) [Allow _spender to withdraw from your account, multiple times, up to the _value amount. If this function is called again it overwrites the current allowance with _value]
6. allowance(address *_owner*, address *_spender*) constant returns (uint256 remaining) [Returns the amount which _spender is still allowed to withdraw from _owner]

아무도 쓰지도 않는 안마 토큰을 만드는 것이 무슨 의미가 있냐고 반문할 수 있다. 그래서 지금껏 1장에서부터 소꿉놀이와 학종이에 비유를 든 것이다.

그런데, 이런 관점으로 생각해 볼 수 있다. 장사를 하는 사람이면 누구나 상품권, 포인트와 같은 자신만의 화폐를 만들기를 원한다. 기업들이 경제 사정이 어려울 때 회사채를 발행하는 것처럼, 자신만의 화폐 체계를 갖고 있으면 경제 상황들을 적절히 통제할 수 있고, 고객들에게 유인책을 마련할 수 있기 때문이다. 기존에는 화폐를 발행하려면 중앙기관에 허가를 받아야 하거나, 계속 언급하고 있듯이 신뢰있는 시스템을 만들기 위해서는 막대한 자금을 투입해야 한다. 하지만, 소꿉놀이라고 여기는 블록체인 상에서는 비용을 거의 들이지 않고도 안전한 화폐 체계를 만들 수 있다. 여기에 더해 이더리움에서 제공하는 스마트 컨트랙트 기능을 활용하면 개인 간, 기업 간, 국가 간 복잡한 계약 및 이체들을 처리할 수 있다. 이왕이면 저렴한 시스템이 비싼 시스템보다 더 좋지 않을까?

ERC20은 이더리움을 폭발적으로 성장시킨 기폭제와 같다. 블록체인 업계에서 가장 성공한 플랫폼이 된 이유가 바로 토큰 발행을 통한 ICO 덕분이다. ICO를 통해서 새 비즈니스를 만들고 싶은 사람들이 쉽게 자금을 모을 수 있게 되었고, 덕분에 이더리움은 엄청난 인기를 얻을 수 있었다. ICO는 이 장의 마지막에서 다시 한번 다루어진다.

스마트 컨트랙트와 ERC20의 동작 방식을 이해하기 위해서는 이더리움의 독특한 지불 시스템인 '이더'와 '가스'에 대해 이해해야 한다.

이더리움에서 특정 코드를 실행하는 데 기본적으로 '이더(ETH)'가 사용된다. 이더는 스마트 컨트랙트를 실행하기 위한 매개체이다. 비트코인은 단순히 지불한 내역만 검증하면 됐지만 이더리움에서는 코드를 실행시켜야 한다. 코드를 실행시킨다는 것은 연산을 한다는 것이다. 공개 장부에 기록된 코드는 짧을 수도 있고, 길 수도 있다. 그런데 만약 특정 코드가 무한대로 길어지면 어떻게 될까? 아마 누군가의 컴퓨터는 무한 연산을 하면서 전기를 소모하고 있을 것이다. 이를 악의적으로 이용하여 네트워크를 마비시킬 목적으로 무한 연산이 반복되는 코드를 배포할 수도 있다. 이런 무한 연산에 빠지게 되는 현상을 무한 루프에 빠졌다고 말한다.

이를 해결하기 위해 이더리움에서는 '가스(gas)'라는 수수료 체계를 도입했다. 기본 개념은 코드를 실행시키기 위해 가스라는 수수료를 지불해야 하는 것이다. 쉽게 말하면, 돈을 내야 코드를 실행시켜주는 것이다. 지불한 돈 만큼 코드가 실행되니 무한루프에 빠질 위험이 줄어든다.

비트코인 시스템에서는 비트코인이란 화폐 하나만 존재했는데 이더리움 시스템에서는 이더라는 화폐와 가스라는 수수료, 두 개로 나뉘어 혼란스러울 수 있다. 이를 이해하기 위해 이더리움 수수료 체계에 대해 좀 더 알아보려 한다.

이더리움 블록체인에서 수수료는 가스*가스 가격(gas Price) 로 계산된다. 가스는 이더리움 블록체인 위에서 특정한 행위를 하는 데 소요되는 비용으로, 가장 기본적인 송금 거래를 만드는 데 21,000 가스가 사용된다. 가스 가격은 1 가스의 이더 환산 가격이다. 예를 들어 가스 가격이 0.00001이더 일 때, 기본 송금에 드는 수수료는

21,000 * 0.00001 = 0.21 이더이다.

이더리움 블록체인 위에서의 모든 행위는 기본적으로 가스 단위로 그 가치가 매겨진다. 데이터를 블록체인에 기록하거나, 수식을 연산하거나, 거래를 만드는 모든 행위들이 전부 가스로 가치매김된다. 스마트 컨트랙트를 실행할 때 역시 가스가 소모되며, 스마트 컨트랙트를 사용하려는 유저는 해당 거래가 스마트 컨트랙트를 실행할 수 있도록 충분한 가스를 수수료로 지불해야 한다.

거래를 만드는 유저는 거래마다 가스 가격을 지정할 수 있다. 가스 가격을 높게 지정하면 거래가 지불하는 수수료가 높아져 채굴자에 의해 블록에 들어갈 확률이 높아진다. 가스 가격을 낮게 지정하면 채굴자가 해당 거래를 채택하지 않아 원하는 시간 내에 블록에 들어가지 못할 수도 있으므로, 적절한 가스 가격을 설정하여야 한다. 비트코인에서 높은 수수료의 거래를 먼저 처리하는 원리와 유사하다.

가스라는 개념이 이더리움을 더 복잡하게 한다고 생각할 수 있으나, 가스는 반드시 필요하다. 가스라는 개념 없이 이더로만 수수료를 측정한다고 가정해 보자.

1+1이라는 스마트 컨트랙트를 실행하는 데 1 이더가 사용된다면, 이더 가격이 100원일 때는 별로 부담이 안 될 것이다. 그런데 이더 가격이 많이 올라서 100만 원이 되면, 1+1을 실행 하는 데 갑자기 수수료가 100원에서 100만 원으로 오르게 된다. 이렇듯 플랫폼이 많이 사용되면 될수록 이더에 대한 수요가 증가해서 점점 이더가 비싸지게 된다. 그와 동시에 이더에서 가장 중요한 기능인 스마트 컨트랙트를 실행하기 어려워지는 모순이 발생하게 된다.

이러한 문제를 해결하기 위해 가스와 가스 가격이라는 개념을 만든 것이다. 가스 가격을 낮게 설정하면 이더의 가치가 높아져도 실제로 스마트 컨트랙트를 실행하는 데 드는 비용 자체는 조절 할 수 있게 된다. 하나 덧붙이자면, 비트코인에서는 블록에 들어갈 수 있는 트랜잭션의 개수를 용량으로 계산했지만, 이더리움에서는 블록 가스 제한이 있어서 블록 안에 들어 있는 트랜잭션들이 사용하는 가스의 합이 블록 가스 제한보다 작아야 한다.

코드를 실행하기 위해 돈(이더)을 지불하는 개념은 기술적인 문제와 사회·경제적인 문제를 한번에 해결하였다. 기술적으로는 소프트웨어에 큰 문제를 야기할 수 있는 무한 루프를 해결했고, 사회·경제적으로는 중요한 코드가 아니면 실행을 막는 장벽의 기능을 수행하게 되었다. 무의미한 코드의 무분별한 실행을 막고 필요한 사람만 코드를 실행할 수 있게 된 것이다.

왜 무의미한 코드를 무분별하게 실행하면 안 되는 것일까? 저장용량 때문이다. 블록체인 참여자들은 해당 시스템 내의 거래기록을 처음부터 끝까지 모두 가지고 있어야 한다. 지나간 내용들은 쓸모없을 수도 있는데, 앞선 거래 내역을 모두 가지고 있어야 하는 것이다.

저장 용량의 증가가 문제가 되는 이유는 앞서 언급한 탈중앙화와 관련이 있다. 블록체인을 컴퓨터에 저장하는 데 10기가의 용량이 필요하다면, 많은 사람들이 블록체인을 가지고 있을 수 있다. 하지만 1,000기가라면? 그 이상이라면? 아마 많은 사람들이 블록체인을 컴퓨터에 저장하는 데 어려움을 겪을 것이다. 이러한 상황에서 탈중앙화라는 특성을 어떻게 유지하느냐가 관건이 된다.

분산 거래소
- 카이버 네트워크, 0x

팟캐스트 '블록킹' 44화

기린 동생 : 이번 달 공동 가계부 봤어?

기린 : 왜?

기린 동생 : 영희가 자기한테 빨간 학종이 3개를 주면 자기가 가진 파란 학종이
10개를 주겠대. 영희 사촌 동생이 빨간 학종이를 좋아하나봐.

기린 : 오, 뭔가 카이버 네트워크 비슷한데?

기린 동생 : 아 또 블록체인 얘기야?

기린 : 가계부 위에서 돈만 왔다갔다 하는 게 아니라 다른 서비스가 생겼잖아.

앞에서 살펴본 이더리움을 활용해 다양한 서비스를 제공할 수 있다. 이렇게 자체 블록체인이 존재하지 않지만 다른 블록체인 위에서 코인의 역할을 하는 것들을 서비스 코인 또는 토큰이라고 부른다.

토큰에는 크게 두 종류가 있다.

① 토큰 자체는 의미가 없지만 블록체인 외부의 서비스와 연동되어 가치를 지니는 것
② 토큰 자체가 블록체인 위에서 특정한 서비스를 수행할 수 있는 것

①에 해당하는 토큰은 골렘, Storj처럼 외부 네트워크와 연동해야 하는 서비스를 의미한다. ②에 해당하는 토큰은 카이버 네트워크처럼 이더리움 블록체인 위에서 토큰 그 자체로 분산 거래소를 이용할 수 있는 수단이 되는 경우를 의미한다.

용어 때문에 혼란스러울 수 있으니, 다시 소꿉놀이를 통하여 이해해보자. 엄청나게 큰 마을에서 학종이를 활용한 소꿉놀이를 대대적으로 시작했다. 학종이가 현금으로 교환되는 것을 보고 철수와 민수는 본격적인 사업을 하기로 마음 먹었다. 철수는 PC방을 운영하고 있었다. 소꿉놀이에서 사용되는 학종이에 '철수토큰'이라고 적어 10,000개를 발행했다. 고객들이 철수토큰을 갖고 있으면, 1:1 비율로 현금처럼 PC방에서 쓸 수 있었다. 어느 날 고객이 10,000원을 결제하려고 했는데, 철수토큰이 1,000개밖에 없었다. 철수는 철수토큰을 받고 나머지 9,000원을 계좌 이체로 받았다. 철수는 점점 이 작업이 번거로워 학종이를 현금으로 바꿔주는 자판기를 설치하여, 고객이 전부 현금으로 결제할 수 있도록 했다. 이처럼 ①유형에 해당하는 토큰들은 블록체인과 회사의 서비스가 분리되어 있다. 일반적으로 무역이나 게임과 관련된 소프트웨어는 블록체인과는

다른 서비스이다. 여기에 이더리움 같은 코인을 붙이기 위해서는 별도로 연결 작업이 필요하다. 위 사례처럼 서비스가 분리되어 있는 경우 '토큰'은 별도의 의미를 갖지 않는다. 블록체인과도 거의 관련이 없다.

 민수는 기존에 하고 있는 사업이 없었다. 하지만 놀이터에서 학종이가 자유롭게 교환되는 것을 보고 아이디어를 떠올렸다. 사람들은 정해진 규격의 학종이만 교환하는 것이 아니라, 학종이에 자기 이름을 적어 자신만의 화폐를 만들어내고 있었다. 민수는 직접 놀이 안으로 들어가 놀이터에서 유통되는 여러 종류의 학종이를 교환해주면서 수익을 만들기로 했다. 다만, 민수 혼자 서비스를 하는 것이 아니라 이 놀이를 하고 싶은 사람들이 자발적으로 참여하도록 만들고 싶었다. 고민 끝에 학종이에 '민수토큰'이라고 적어, 이 토큰을 보유한 사람들은 자신이 가지고 있는 학종이를 다른 사람과 교환할 수 있도록 만들었다. 이 사업은 기존에 놀이 규칙을 어기지 않았다. 학종이를 검증하기 위해 검증자에게 내역을 보내고, 장부를 만들어 보상을 받는 규칙을 그대로 따르기로 했다. 하지만 거래 한 번에 시간이 많이 걸려 교환에 어려움을 겪게 됐다. 민수는 이때문에 지금도 고민 중이다. 이처럼 ②유형에 해당하는 토큰들은 블록체인 위에서만 수행 되는 서비스이다. 이 서비스들은 외부와 연동할 필요가 없기 때문에 그 자체로 화폐 수단이자 서비스가 된다. 앞에서 말한 카이버 네트워크와 같은 토큰 거래소가 바로 그 예이다. 이 유형은 탈중앙화라는 장점을 갖는 대신 블록체인이 갖는 단점 또한 그대 로 갖는다. 따라서 거래 시간이 오래 걸리고, 블록체인에 거래를 만들기 위한 수수료 또한 필요하다.

 이른바 DEX(Decentralized Exchange)라고 하는 분산 거래소는 블록체인 위의 데이터만을 기준으로 작동하는 서비스이다. 일반적인 중앙화 거래소에서는 코인을 매수 및 매도할 때 실제 해당 코인의 블록체인에서 거래가 일어나지는 않는다. 단순히 회사의 데이터베이스에 저장되어 있는 해당 회원의 법정화폐를 코인으로 변환하여 기록하고, 그것을 보여주기만 하는 것이다. 중앙화 거래소에서 실제 코인 전송이나 거래가 일어나는 것은 외부 입출금의 경우에만 해당한다.

분산 거래소에서의 모든 행동은 전부 블록체인에 기록된다. 따라서 고객이 매수 및 매도를 하려는 행동 자체도 블록체인에 기록되고, 해당 요청이 체결되어 토큰 또는 코인이 교환된 것도 블록체인에 거래의 형태로 남게 된다. 분산 거래소의 경우 중앙화된 서버가 없고, 고객의 자산을 전부 보유하고 있는 것이 아니기 때문에 위험도가 낮다. 하지만 분산 거래소의 모든 데이터는 블록체인을 통해 처리되기 때문에, 블록이 생성되어 합의에 이르는 시점이 거래가 완료되는 시점이다. 블록 생성 주기가 비트코인과 같이 평균 10분이라면, 10분 뒤 데이터가 처리된다는 의미이다. 일반적으로 인터넷상에서는 마우스 클릭만 하면 결과까지 눈 깜빡할 사이에 볼 수 있지만, 분산 거래소에서는 내가 만든 거래가 블록에 들어갈 때까지 상당 시간을 기다려야 하고, 심지어 중간에 취소할 수도 없다. 또한 일반적인 거래소에서는 코인과 토큰을 고객이 잘 사용할 줄 몰라도 마우스 클릭만 하면 쉽게 사고 팔 수 있고, 나아가 해킹에 대한 대비도 해주지만(물론 항상 좋은 것은 아니다.) 분산 거래소에는 그런 것이 없다. 모든 행동이 자신의 책임이다. 모든 자산의 소유권을 내가 갖고 있기 때문에, 만약 자신의 PC가 바이러스에 감염되거나 해킹 당하여 자산을 잃어버리게 되면 되찾을 방법이 없다.

따라서 분산 거래소를 사용하는 것이 좋을지 일반적인 중앙화 거래소를 사용하는 것이 좋을지는 본인의 판단에 달려있다. 블록체인은 중앙기관을 거치지 않는 대신 모든 책임을 개인이 지는 것을 전제로 한다.

다크코인

- 대시, 모네로

팟캐스트 '블록킹' 23-2, 94-2화

기린 : 야 너 어제 내 카드 들고 밤에 어디 갔었냐? 너 돈 쓰면 나한테 문자 다 날아와.

기린 동생 : 그냥 술 조금 마셨어.

기린 : 야 한 대 맞을래? 누가 맘대로 가져 가서 쓰라고 했어.

기린 동생 : 아~ 몰래 가져가서 쓰려고 했는데…

기린 : 문자 서비스 해놓으니까 이렇게 좋네.

기린 동생 : 아, 근데 블록체인도 투명하다며? 그럼 거기서 돈 거래하면 다 볼 수있어?

기린 : 어, 처음부터 끝까지.

기린 동생 : 그럼 몰래 술 먹으려면 어떻게 해야 돼?

기린 : 먹지 마.

블록체인은 투명성을 특징으로 하고 있지만, 투명하다고 다 좋은 것은 아니다. 우리가 만약 공동 가계부를 쓴다고 할 때, 내 월급이 회사 사람들이나 동네 사람들에게 다 밝혀진다면 어떨까? 또 내가 매달 외식을 얼마나 하고 취미 생활을 얼마나 하는지 다 밝혀진다면 어떨까? 모든 정보를 투명하게 공유하는 것이 무조건 좋은 일일까? 그렇지는 않을 것이다.

이런 문제를 해결하기 위해 나온 코인들이 이른바 다크코인이다. 다크코인 계열의 블록체인은 특정 거래에 대해서 누가 누구에게 보냈는지 언제 보냈는지 등을 거래 당사자 또는 거래 당사자가 허락한 이들만 알 수 있는 특성을 갖는다. 하지만 이를 구현하는 방식은 다크코인마다 다르다.

대시의 경우는 마스터 노드가 존재한다. 마스터 노드는 돈을 모아서 한 번 섞어주는 역할을 한다. 가계부로 예를 들면 영희가 철수에게 돈을 보낼 때 제 3자인 길동이를 거쳐서 보내는 것이다. 영희만 길동이에게 돈을 보낸다면 당연히 누가 누구에게 보냈는지 알 수 있다. 하지만 영희, 영철, 영수, 영미 등 여러 명이 모두 철수에게 돈을 보낸 후 철수가 수신자에게 돈을 전달해 준다면 영희의 돈이 누구에게 갔는지 외부인들은 정확히 알 수 없다. 마스터 노드들이 은행 역할을 한다고 생각할 수도 있다. 은행이 하는 역할과 유사하기 때문이다. 대시가 완전 탈중앙화되지 않았다는 주장이 나오는 이유가 여기에 있다. 하지만, 대시의 거래는 다른 블록체인처럼 익명을 기반으로 전달되기 때문에 신원 정보를 갖지는 않는다. 또한 마스터 노드는 전 세계에 나누어져 있고 비교적 참여가 자유롭다. 익명성 거래로 거래 당사자들의 정확한 신원을 알 수 없다는 점에서 비트코인과 동일하지만, 대시의 경우 거래 추적이 불가능하다는 면에서 비트코인과 다르다.

대시 거래 방식

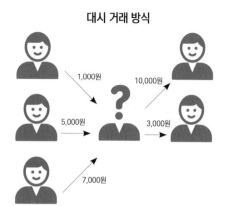

모네로도 거래 당사자들 또는 거래 당사자에 의해 허락받은 참여자만 특정 거래의 내용을 볼 수 있는 다크코인이다. 하지만 운영 방식이 대시와 상이하다. 모네로는 공동 가계부에 검은 안경을 쓴 사람만 볼 수 있는 특수 형광펜으로 글씨를 쓰고, 거래 당사자끼리 검은 안경을 공유해서 해당 거래를 보는 식이다. 일반인들에게는 보이지 않는다. 모네로는 약속된 장치를 거래 관련자들이 공유하여 해당 내역을 볼 수 있도록 하는 원리로 거래가 진행된다.

모네로 거래 방식

다크코인은 익명성의 극대화를 특징으로 갖는다. 때문에 마약 거래 등 불순한 목적의 거래에 많이 쓰인다고 알려져 있다. 하지만 관점에 따라 긍정적인 방향으로 쓰일 수도 있다. 다크코인이 나쁜 것이 아니라 악용하는 사람들이 나쁜 것이다.

또한, 다크코인의 익명성 때문에 일반인들이 이를 불순한 목적으로 사용해도 된다고 오해해서도 안된다. 왜냐하면 일반인들이 모네로를 취득하기 위해서는 거래소를 거쳐야 하는 데, 앞서 언급했듯이 거래소는 기본적으로 실명이 전제되어 있기 때문이다. 반대로 모네로를 받았다고 해도, 모네로를 쓸 수 있는 곳은 역시 거래소 밖에 없다. 거래소에서 모네로를 팔아 현금을 확보해야, 이를 소비에 활용할 수 있다. 거래소를 거쳐야 하는 거래는 모두 추적이 가능하다고 보면 된다.

억지에 억지를 더 부려서 모네로와 현금을 개인적으로 거래를 하면 추적이 안 된다고 주장할 수도 있다. 여기에도 오류가 있는데, '현금'을 보유하는 것도 쉽지 않고, 이를 만나서 직접 주고 받는다 하더라도 당사자들이 수사 기관에 신고하면 여러 수사 기법을 통해 잡히게 되어 있다. 이론은 이론이고 현실은 현실이니, 어떻게 하면 긍정적인 방향으로 쓰게 만들 수 있을지 고민하는 것이 더 이익을 주는 길일 것이다.

이오스

기린 동생 : 이오스라는게 이더리움 라이벌이야?

기린 : 그렇게 보는 시각이 많지. 블록체인 계에서 가장 핫한 두 개의 기둥 중 하나야.

기린 동생 : 근데 이오스는 나온지 얼마 안 된 거 같은데?

기린 : 이오스는 나온지 얼마 안 되었지만, 이오스를 개발한 '댄 라리머'란 사람은 블록체인계에서 쌓은 업적이 많아서 엄청 유명해. 특히 블록체인 기반의 블로그 스팀잇은 이 업계에서 성공한 유일한 아이템이라고 보는 사람들도 많아.

기린 동생 : 스팀잇? 아, 그 블로그 같은거? 사람들이 코인 정보 얻을 때 엄청 많이 이용하더라고.

기린 : 맞아. 스팀잇은 글을 쓰면 그 대가로 보상을 주는데, 유저들이 그 시스템에 열광했지. 우리가 아무리 일반 블로그에 글을 써봤자 보상이 없잖아? 하지만 스팀잇에서는 실제로 '돈'을 벌 수 있으니 사람들이 엄청나게 열광한 거지.

기린 동생 : 그리고 그 엄청난 아이템을 만든 댄 라리머라는 사람이 만든 것이 이오스다?

기린 : 그렇지. 그래서 이오스에 대해 큰 기대를 가지고 있는 사람들이 많아. 이오스(EOS)라는 이름을 좀 생각해 본 적 있니? OS라는 건 컴퓨터의 운영체제잖아. 윈도우 같은 거 말이야. 간단히 비유하면 이오스는 블록체인계의 컴퓨터 또는 윈도우가 되겠다는 거지.

이오스는 스마트 컨트랙트 기능을 가지고 있는 범용 블록체인이라는 면에서 이더리움과 유사하다. 이더리움과 다른 점은 수수료 지불 주체이다. 구글같은 기존 IT 업체는 일반 고객에게 수수료를 요구하지 않고, 기업 고객에게 수수료를 요구하는 경우가 많다. 그래서 일반 고객은 무료로 서비스를 이용할 수 있는 것이다. 이오스도 이와 유사하다. 하지만 블록체인은 개인 간 거래라고 하지 않았던가? 이오스는 기업인 걸까?

아니다. 다만 참여자를 구분해놓은 것이다.

앞의 '서비스 코인' 부분에서 소꿉놀이 예시 두 가지 중 ②유형을 참고하면 된다. 소꿉놀이 속에서 사업을 하는 '민수'는 기업의 역할을 수행한다. 우리가 흔히 떠올리는 큰 기업이 아니라, 기업의 역할을 하는 개인이라고 봐야 한다. '민수'가 서비스를 제공하면 소꿉놀이 참여자들은 학종이를 이용할 수 있다. 이때 이더리움의 경우 서비스 이용자가 수수료를 내야 하지만, 이오스에서는 민수가 낸다. 이 부분이 이더리움과 구별되는 가장 큰 차이점라고 할 수 있다.

민수가 만약 블로그 서비스를 블록체인 기반으로 출시했다고 가정해보자. 이더리움에서는 작가가 글을 쓸 때마다 돈을 지불해야 하지만, 이오스는 민수가 돈을 내고 작가는 무료로 글을 쓸 수 있다.
이오스의 또다른 특징은 위임증명(DPOS)이라는 합의(채굴) 방식이다. 비트코인은 작업증명(POW)방식을 사용하고, 이더리움은 현재 POW에서 POS로 전환하고 있지만 이오스는 애초에 스팀잇과 같은 DPOS라는 방식으로 출발했다.

DPOS는 간단히 말해 간접 민주주의와 유사한 시스템이다. 투표와 같은 특정한 방법을 통해 블록을 생성할 소수의 블록 생성자(BP, Block Producer)들을 뽑는다(이오스에서는 블록 생성에 누구나 참여할 수 있는 것이 아니기 때문에 채굴이라는 표현을 쓰지 않는다). 이후 21개의 노드로 구성되는 이 블록 생성자들은 순서를 번갈아가면서 거래들을 처리하고 블록을 생산하여 보상을 가져간다. 소꿉놀이로 보자면, 장부 검증자가 21명으로 제한된 것이다.

이 방식을 사용하면 소수의 특정 노드만이 블록 생성에 관여 하기 때문에 블록 생성 속도를 높일 수 있다. 다수의 사람이 거래를 일일이 검증하는 것보다 소수의 사람이 검증하는 것이 훨씬 빠르다는 점을 생각하면 이해될 것이다. 블록 생성 속도의 상승은 데이터 처리 속도 상승을 의미한다. 이오스에서의 기본 성능은 초당 3,000 트랜잭션이다. 비트코인은 초당 7 트랜잭션을 처리한다.

이더리움은 데이터를 블록체인에 저장하는 것도 가스량으로 정해지고, 코드를 실행하는 것도 가스량으로 정해진다. 또한 거래를 만들어서 네트워크에 보내는 것도 가스량으로 산정된다. 이에 반해 이오스는 블록체인 네트워크에서 활동하는 데 필요한 자원들을 크게 세 가지로 분류해놓았는데 램, CPU, 대역폭이 그것이다.

램은 스마트 컨트랙트를 포함한 각종 데이터를 저장하는 데 사용된다. 이오스에서 Dapp을 개발하는 개발자들(앞에 비유로 든 '민수')은 자신들이 제공하고자 하는 서비스의 데이터들을 저장하기 위해 램마켓에서 원하는 만큼의 램을 사야한다. 램은 원할 때 사고 팔 수 있지만, 유저들끼리 서로 거래하는 것은 불가능하다. 이오스의 램은 일반 컴퓨터에서 메모리를 뜻하는 램의 개념을 가져온 것이다.

CPU는 이오스에서 거래를 처리하기 위해 사용되는 연산 처리 능력이다. 일반 컴퓨터에서 더 좋은 CPU를 쓰면 컴퓨터의 처리 속도가 더 빨라지는 것처럼, 이오스에서도 CPU를 많이 사용하면 개발자들이 서비스를 더 빨리 처리할 수 있다.

대역폭은 이오스에서 거래를 얼마나 많이 전송할 수 있는지 나타내는 양이다. 전체 거래가 100개 인데 이오스에서 처리할 수 있는 전체 대역폭이 10개라고 하자. 대역폭보다 전체 거래량이 많기 때문에 경쟁이 발생할 것이다. 자신의 거래를 이오스 블록체인에 좀 더 빨리 포함시키기 위해서는 이오스 대역폭에서 자신이 사용할 수 있는 구간을 구매해야 한다.

위 세 개념들은 컴퓨터 용어에서 가지고 온 것인데, 이를 통해 이오스 의 철학과 방향성을 다시 한 번 인지 할 수 있다. 앞서 대화를 통해 설명한 것처럼 이오스(EOS)의 OS는 운영 체제 (Operating System)에서 가져온 말 이다. OS는 윈도우나 리눅스, 맥 OS X와 같은 시스템을 의미한다. 램, CPU, 대역폭 또한 유사하게 차용된 개념이다. 이외에도 스케줄링, 패러렐 처리와 같이 일반적으로 컴퓨터 운영 체제를 뜻하는 여러가지 개념을 비슷 하게 가지고 있다.

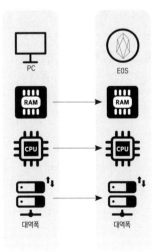

이오스의 지불 체계는 이더리움과 구별되는 독특한 특징을 갖는다.
이오스에서는 거래를 만들고 사용할 때 일반고객은 이오스를 지불할 필요 가 없다. 대신 dapp을 만든 회사가 이오스를 보유하고 있어야 한다. 만약

이오스 플랫폼에서 발행된 전체 이오스 발행량이 100개라고 하고 기린이 1개의 이오스를 가지고 있다면 기린은 이오스 전체 거래 중 1%의 거래를 처리할 수 있는 권한을 갖는다. 거래 시 이오스가 소모되지는 않는다. 단지 자신이 가지고 있는 이오스 비율에 따라 처리할 수 있는 거래량이 달라진다.

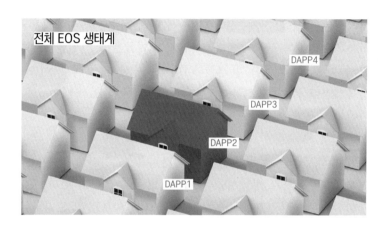

쉽게 설명하면 이오스는 부동산 모델이라고 할 수 있다. 땅은 이오스이고 그 땅 위에 건물을 세우는 것이 서비스를 만드는 셈이다. 땅을 많이 가지고 있어야 건물을 많이 세울 수 있는 것처럼, 이오스를 많이 가지고 있어야 dapp 서비스를 많이 제공해줄 수 있다. dapp 서비스를 많이 제공한다는 것은 결국 블록체인에서의 거래 처리량이 늘어난다는 의미이다. 이오스에서는 땅처럼 거래 처리량을 서로 빌려줄 수도 있다.

이오스는 블록체인 내 데이터 처리 속도를 높이기 위해 고안되었다. 따라서 다른 블록체인에 비해 처리 속도가 높다. 이러한 특징 때문에 다른 블록체인도 이오스처럼 바꾸면 되지 않느냐고 반문할 수도 있다.

하지만 비트코인과 이더리움은 이오스와 블록체인을 바라 보는 시각이 다르다. 전자는 완전한 탈중앙화, 다시 말해 중앙화된 주도권을 가진 사람 없이 모두가 똑같은 권리를 갖도록 설계됐다. 이에 비해 이오스는 특정 소수의 참여자들만 블록을 생성할 수 있다. 엄밀한 의미에서 탈중앙화는 아니다. 물론 생성자가 국가의 화폐기관처럼 1개의 주체만 있는 것은 아니기 때문에 완전 중앙화라고도 말할 수도 없다. 굳이 표현하자면 '덜중앙화' 라고 볼 수 있다.

 이 때문에 '탈중앙화'냐 아니냐를 두고 업계에서는 수많은 논쟁들이 벌어지고 있다. 이오스를 블록체인으로 보지 않는 사람들도 있다.

 이 때 생각해야 할 점은 블록체인에는 어떠한 고정된 법칙이 없다는 것이다. 비트코인은 비트코인의 설계 철학이 있는 것이고, 이오스는 이오스의 설계 철학이 있을 뿐이다. 어떠한 것도 절대적인 것은 없다. 지향점을 구현하여 현실에서 평가를 받으면 된다.

리플

팟캐스트 '블록킹' 18-2화

기린 동생 : 친구한테 들었는데 리플이란 코인은 어떤 거야?

기린 : 리플은 다른 퍼블릭 블록체인과는 약간 성격이 다른 코인이야. 기본적으로
　　　리플은 여러 화폐의 다리 역할을 하는 코인이지.

기린 동생 : 그게 무슨 말이야?

기린 : 일반적으로 원화를 다른 나라의 돈으로 환전하거나 가치를 계산할 때 달러를
　　　기준으로 하지? 원화를 접하기 어려운 나라의 화폐로 바꾼다고 가정해보자.
　　　원화를 곧바로 그 나라의 화폐로 바꾸기는 쉽지 않을 거야. 하지만 달러로
　　　먼저 바꾸고, 달러를 다시 그 나라의 화폐로 바꾸면 어떨까? 원화에서는
　　　바로 바꾸는 경로가 없더라도 달러는 세계적인 기축 통화이기 때문에
　　　원화에서 바꾸는 것보다 훨씬 쉽겠지.

기린 동생 : 아, 그래서 다리 역할을 했다고 말한 거구나.

158 ZOOM'IN 블록체인

리플은 일반적인 코인들과는 성격이 약간 다르다. 리플은 리플 네트워크 안에서 은행이라는 구성원이 지급 결제 및 청산에 걸리는 시간을 줄여주고 결제 검증을 지원하도록 돕는 브릿지 통화이다. 리플은 퍼블릭 블록체인보다는 소수의 분산 노드들이 거래 장부를 가지는 프라이빗 블록체인에 가깝다. 또한 리플에는 채굴이라는 개념이 존재하지 않으며 리플의 발행은 리플이라는 이름의 회사가 전적으로 관리한다.

리플 네트워크 안에서는 여러 형태의 자산이 거래된다. 달러나 엔화를 포함한 법정화폐를 비롯하여 사이버머니, 비트코인, 포인트, 마일리지 등의 자산이 거래될 수 있다. 각 자산들은 1:1의 맞교환이 아닌 리플이라는 화폐를 통해 교환된다. 이러한 원리로 어떠한 자산이 추가되어도 리플을 통해 쉽게 교환될 수 있는 네트워크가 바로 리플 네트워크이다.

앞서 공동 가계부 안에서 안마권이나 쿠폰 등과 같은 여러 종류의 토큰을 발행할 수 있다고 언급하였다. 이러한 자산들을 교환할 수 있는 프로토콜을 만들고 싶다고 하자. 만약 각 자산에 대해 1:1로 교환 비율을 만든다고 하면 자산이 추가될 때마다 기존에 있던 모든 자산들에 대해 교환 비율을 설정해야 하므로 자산의 추가 및 삭제가 큰 부담이 될 것이다. 또한 특정 자산의 가치가 변하면 다른 모든 자산들에 대한 1:1 가치 또한 변해야 하므로 구매자 및 판매자 입장에서도 사용하기 쉽지 않다.

하지만 기축 토큰을 하나 정하여 이에 대한 각종 자산의 교환 비율을 설정해놓으면, 새로운 자산이 추가되더라도 기축 토큰에 관한 교환 비율만을 설정하면 된다. 이처럼 기축 토큰이 모든 거래의 매개가 되면, 새로운 자산들도 기존 자산들과 쉽게 거래될 수 있다.

리플 네트워크는 아무나 노드로 참여할 수 없다. 리플랩스에서 선정한 노드만이 리플 네트워크에 참여할 수 있다. 따라서 다른 블록체인과는 달리 리플 네트워크의 노드들이 발각 당해 공격 당하면 보안에 위협이 될 수 있다. 리플은 지금까지 봤던 블록체인과는 많이 다르다. 기존의 암호화폐가 추구해왔던 탈중앙화(덜중앙화 포함)나 익명 등과 같은 분산화 개념과는 거리가 있다. 사실상 프라이빗 블록체인이라고 봐야 한다.

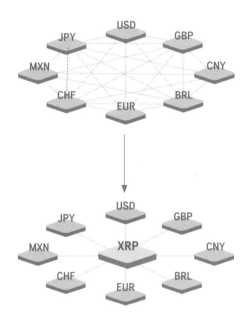

패브릭
- 범용 블록체인

팟캐스트 '블록킹' 25-1화

기린 동생 : 그런데 블록체인에는 암호화폐가 필수야?

기린 : 오… 그런 질문을 하다니 대단한데?

기린 동생 : 앞에서 가계부 얘기를 했을 때를 생각해보면 없어도 될 것 같긴
한데…아닌가? 인센티브를 주어야 참여자들이 네트워크의 유지를
위해 행동하는 동기가 생긴다고 한 것 같은데…

기린 : 우와, 진짜 대단하네? 그런데 앞에서 다룬 블록체인 중에서 참여자들이 좀
제한되어 있는 블록체인도 있지 않았니?

기린 동생 : 음… 이오스도 블록을 생산하는 노드의 개수는 제한되어 있었고… 리플도
그랬던 것 같네?

기린 : 맞아. 좀 더 나아가서 서로 아는 사람들끼리만 네트워크를 형성하여
분산원장을 만들고 싶다면 아예 인센티브를 없앨 수도 있어. 물론
완전한 탈중앙화는 아닐 수 있지만, 블록체인의 룰은 참여자들이 만드는
것이니까…이런 폐쇄된 형태의 블록체인을 프라이빗 블록체인이라고 해.
대표적으로 하이퍼레저 패브릭이 있어.

하이퍼레저 패브릭은 리눅스 재단에 의해서 출범되어 IBM 주도로 개발되고 있는 프라이빗 블록체인 프로젝트이다. 패브릭은 지금까지 다루어왔던 퍼블릭 블록체인들과 많은 면에서 다른데, 가장 큰 것은 바로 암호화폐가 없다는 점이다. 패브릭에서 노드로 참여하는 참여자들은 사전에 서로 완전히 알고 있다. 퍼블릭 블록체인에서는 서로 신뢰하지 않는 참여자간의 네트워크 유지를 위해 채굴을 통한 암호화폐를 보상으로 가져가게 하였다. 패브릭 구조에서는 별도의 보상이 없어도 네트워크를 유지할 수 있기 때문에, 암호화폐 개념이 빠진 것이다.

패브릭은 엔터프라이즈(기업)용으로 사용하기 좋은 여러 디자인 요소들을 포함하고 있다. 멤버십 관리 기능을 통해서 정해진 참여자들만 네트워크에 참여할 수 있으며, 그 안에서도 채널이 나뉘어 있어 참여자들이 원하는 채널을 선택할 수 있다. 같은 채널에 있는 참여자들끼리는 블록체인 데이터를 공유하지만 다른 채널에 있는 참여자들끼리는 데이터를 공유하지 못한다. 일반적으로 회사에서 데이터를 다룰 때, 다른 회사들과 공유할 수 없는 중요한 데이터들이 있다. 패브릭은 이러한 데이터를 보호하면서도 분산원장의 장점을 취할 수 있도록 설계되었다.

패브릭은 사전에 미리 허락된 인원만 사용할 수 있는 공동 가계부이다. 참여자 내에서도 따로 소규모 그룹을 만들어 자신들만의 공동 가계부를 만들 수 있다. 학급에서 사용한다면 공동 가계부의 앞은 철수-영희 팀만, 뒤는 길동-우치 팀만 사용할 수 있는 것이다. 그리고 가계부에 새로운 내용을 적을 때에는 그들끼리의 논의만으론 적을 수 없고 반장, 부반장, 선생님 세 명 중 2명에게 허락을 받아야 적을 수 있는 등의 규칙을 정할 수 있다.

패브릭에는 가장 중요한 구성요소 두 가지가 있다. 바로 피어 (Peer)와 오더러(Orderer)이다. 피어는 블록체인을 저장하고 유저는 새로 생성한 거래가 적합한지 시뮬레이트한다. 피어는 여러 명이 될 수 있는데, 정책을 통해 몇 명의 피어에게 허락을 받아야 블록 안에 들어갈 수 있는 거래로 허가할 것인지 설정할 수 있다. 예를 들어 세 명의 피어 중 2명이 허락해주면 해당 거래를 블록에 넣을 수 있는 거래로 승인하는 방식이다.

피어의 허락을 통해 승인받은 거래는 오더러에게 전달된다. 오더러는 승인된 거래들을 모아 블록 안에 넣고, 새롭게 블록을 만든다. 만들어진 블록은 다시 피어들에게 전달되며, 피어들은 이 블록들을 다시 재검증하여 자신들의 블록체인에 결과값을 반영한다. 이때 오더러는 자신이 받은 거래에 대해서 검증을 하진 않으며 단순하게 모아서 블록에 집어넣는 역할을 한다. 피어와 오더러의 역할이 나뉘어 있는 이유는 성능 때문이다. 패브릭의 초당 거래 처리 능력은 3,000개를 넘는다. 이는 비트코인의 7개, 이더리움의 15개와는 비교할 수 없는 수치이다.

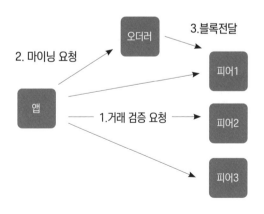

피어가 3개, 오더러가 1개 있다고 해보자

1. App(안드로이드, iOS, 웹)에서 거래를 생성한다.
2. App은 3명의 피어에게 해당 거래가 적절한지 검증을 부탁한다.
3. 피어들은 각자 자신의 블록체인 데이터를 기반으로 받은 거래를 검증한다.
4. App은 피어들에게 해당 거래에 대한 승인을 받는다. 이때 정해진 규칙에 따라 몇 명 이상의 피어에게 승인을 받아야 오더러에게 거래를 전달할 수 있다. 예를 들면 피어 3명 중 2명에게 승인을 받아야 오더러에게 보낼 수 있는 식이다.
5. App은 규칙에 따라 적절한 승인을 받았으면 오더러에게 거래를 전달한다.
6. 오더러는 거래를 받아서 블록에 넣는다.
7. 블록에 적절한 개수의 거래가 쌓이면 오더러는 블록을 만들어 피어에게 전달한다.
8. 피어는 받은 블록을 검증하고, 결과에 따라 블록체인에 연결하여 상태에 반영한다.

하이퍼레저도 특정 지향점에 따라 설계되었기 때문에, 여러 요소가 포함되어 있어 어려울 수 있다. 간단하게 생각하면 거래마다 투표를 하는 방식이다. 매 생성된 거래마다 투표를 해서 정해진 숫자 이상의 허락표를 받아야 그 거래를 블록에 넣을 수 있다. 이런 방식을 PBFT(Practical Byzantine Fault Tolerance)라고 한다.

이렇게 역할을 나누어 놓은 이유는 성능 때문이다. 구조를 잘 보면 블록을 만드는 주체와 거래를 검증하는 주체가 나누어져 있다. 이런 방식을 통해 패브릭은 다른 블록체인들에 비해 매우 뛰어난 성능을 가질 수 있게 되었다.

하이퍼레저 패브릭은 참여자들의 권한 구조 측면이나 블록체인 데이터를 공유하는 측면에서 보았을 때 엔터프라이즈용으로 사용하기 매우 적합한 구조를 가지고 있다. 특히 성능이 매우 우수하기 때문에 많은 회사들이 패브릭을 자신들의 블록체인으로 사용하고 있다. 패브릭은 금융이나 물류 등 다양한 분야에서 사용되고 있으며 퍼블릭 블록체인만큼 많은 사용 사례를 만들어 내고 있다.

퍼블릭 블록체인 vs
프라이빗 블록체인

기린 동생 : 방금 본 패브릭은 앞서 본 블록체인들하고 많이 다른 것 같아.

기린 : 퍼블릭 블록체인과 프라이빗 블록체인의 차이지.

기린 동생 : 뭐가 다른 거야?

기린 : 가장 큰 차이는 어떤 참여자가 해당 블록체인에 참여할 수 있느냐지. 퍼블릭 블록체인에는 누구나 참여할 수 있어. 하지만 프라이빗 블록체인에는 미리 허가된 참여자만 참여해서 거래를 만들 수 있지.

퍼블릭 블록체인과 프라이빗 블록체인의 가장 큰 차이는 바로 참여자이다. 퍼블릭에는 누구나 참여할 수 있지만, 프라이빗 블록체인에는 사전에 허락받은 참여자만 참여할 수 있다. 이 점이 두 블록체인의 차이를 만드는 요소이다. 서로 모르는 사람들끼리 신뢰할 수 있는 데이터를 만들기 위해, 비트코인과 같은 퍼블릭 블록체인에서는 채굴이라는 방식을 통해 네트워크에 기여하는 참여자들에게 인센티브를 주었다. 반면, 프라이빗 블록체인 참여자는 서로 알고 있기 때문에 별도의 장치가 필요하지 않다. 프라이빗 블록체인을 만드는 동기를 비유적으로 표현하면 다음과 같다.

철수는 스마트워치 회사를, 영희는 금융사를, 미영은 IT회사를 운영한다. 세 사람 모두 새로운 시장 개척에 관심이 많았다. 여러 가능성을 검토하던 도중 세 사람은 블록체인이란 기술을 발견하게 됐다. 머리를 맞대고 고민한 끝에 스마트워치에 있는 데이터를 블록체인에 기록하여 특수한 금융상품을 만들면 큰 수익을 얻을 수 있을 것이라는 결론에 이르렀다. 장부를 서로 공유하기 때문에 기록된 내용을 신뢰할 수 있고, 각자 가지고 있는 데이터는 외부로 유출되지 않아 보안을 유지할 수 있는 방안이었다. 이 블록체인에 참여하는 사람들은 각자의 수익모델이 있기 때문에 암호화폐를 보상으로 가져가지 않기로 했다.

프라이빗 블록체인은 서로 다른 기관들을 연결하여 새로운 서비스를 만드는 데 이용될 수 있다. 장부의 공유 덕에 데이터를 신뢰할 수 있으면서, 중요한 데이터는 공개하지 않아도 된다는 장점이 있기 때문이다. 또, 이미 수익을 내고 있는 기관들이 주로 참여하기 때문에 암호화폐라는 인센티브 장치를 넣지 않아도 된다.

이러한 특징 덕에 프라이빗 블록체인은 POW의 가장 큰 단점으로 꼽히는 전기세 낭비 등의 네트워크 유지를 위한 추가 비용이 없다. 또한 PBFT는 간단한 방식으로 빠르게 블록을 생성할 수 있고, 다수에게 검증을 받아야 할 필요가 없기 때문에 퍼블릭 블록체인에 비해서 훨씬 속도가 빠르다.

	Public	Private
참여자	누구나 참여 가능	권한이 있는 참여자만 가능
속도	느림	빠름
합의 방식	POW/POS	PBFT, etc ...
자산	암호화폐가 필요	없어도 됨
네트워크 유지 비용	크다(전기세 등)	작다

간혹 퍼블릭 블록체인과 프라이빗 블록체인 중 어떤 블록체인이 더 좋은 지 궁금해하는 사람들도 있다. 하지만 이 질문에는 대답할 수가 없다. 두 블록체인의 구분은 어떤 것이 더 좋냐 나쁘냐가 아니라 블록체인을 사용하고자 하는 참여자가 어떤 상황에 놓여 있느냐에 따라 다르기 때문이다.

서로 모르는 참여자들끼리 사용할 것이라면 퍼블릭 블록체인이 적합하고, 참여자들끼리 서로 알고 있다면 프라이빗 블록체인을 사용하는 것이 적합할 것이다. 물론 이 또한 절대적인 것은 아니다.

새로운 트렌드 ICO
(Initial Coin Offering)

팟캐스트 '블록킹' 5-2화

기린 동생 : ICO에서 궁금한 점이 있는데, 고객 입장에서는 그냥 토큰만 받을 수 있는 거라면 지금 당장 이더를 주고 살 필요는 없지 않아?

기린 : 이런 ICO를 통해 발행된 ERC20 토큰들은 암호화폐 거래소에 등록되는 경우가 많아. ICO를 실행한 회사가 서비스를 잘 개발해서 암호화폐 거래소에 등록되면 토큰의 가치가 많이 상승하지. ICO를 할 당시 낮은 가격으로 사두었다가, 이후에 그것을 거래소에 팔지 아니면 서비스를 이용할지 결정할 수가 있어. 만약 내가 바나나 토큰을 ICO 한다고 해보자. 이 바나나 토큰을 미리 사면, 나중에 내가 바나나 요트를 만들었을 때, 다른 사람에 비해 정말 저렴하게 이용할 수 있어. 미래를 보고 투자하는 거지.

기린 동생 : 오빠는 절대 못 만들 것 같은데? 만약 투자받고 도망가면?

기린 : 그러니까 너 처럼 보는 눈을 길러서 사기꾼인지 아닌지 잘 판단해야지.

이더리움이 블록체인 시장에서 본격적으로 주목받게 된 이유는 ICO라는 제도에 있을 것이다. ICO는 고객으로부터 일정량의 이더리움을 받고 정해진 비율의 토큰을 고객에게 주는 것이다. 쉽게는 크라우드 펀딩으로 볼 수 있다. 크라우드 펀딩은 특정 서비스 개발에 대한 약속을 통해 자금을 모금한 후, 모금된 자금으로 서비스를 개발하여 고객에게 그 서비스를 제공하는 방식을 말한다.

ICO는 주식시장의 IPO(Initial public offering)와 많이 비교되는데, IPO는 실제 지분으로 자신의 결정권이 생기지만 ICO는 서비스를 이용할 수 있는 토큰만 주기 때문에 동일하다고 보기는 어렵다. 현재 많은 스타트업들이 ICO를 통해서 자금을 모금하고 서비스를 개발하고 있다. ICO는 이더리움에서 가장 성공한 비즈니스 모델이라고 볼 수 있다.

ICO는 IPO와 달리 토큰의 발행 및 분배가 용이하고 법적으로 거쳐야 할 절차가 없기 때문에 악용될 여지가 많다. 제대로 된 서비스가 만들어지기도 전에 거래소에 등록하여 시세차익을 노리는 사례도 심심치 않게 볼 수 있다. 이처럼 ICO는 자산의 유동성이 매우 크지만, 현재 상황에서는 이러한 특징이 부정적인 면으로 사용되고 있다.

3장을 정리하며

3장에서 다룬 코인 외에도 다양한 종류의 코인이 존재한다. 중요한 것은 '본질'을 파악해야 한다는 것이다. 3장은 각 코인이 나오게 된 배경 또는 문제의식을 중점적으로 다루었다. 예를 들어, 이더리움은 비트코인이 갖지 못한 스마트 컨트랙트를 구현하기 위해 탄생했다. 조금 더 다양한 조건의 거래들을 처리하기 위함이다. 또, 다크코인은 거래내역 추적을 막기 위해 나왔다. 이렇게 문제의식과 탄생 배경을 중심으로 본질을 파악하면, 홍수처럼 코인들이 쏟아져 나와도 쉽사리 휩쓸리지 않을 것이다.

겜퍼(GAMEPER)란 무엇인가요?

-블록킹 멤버들이 창업한 회사
-블록체인/암호화폐의 건전한 생태계 조성을 목적으로 함
-2018년 12월 설립
-2019년 8월 스트롱 벤처스 투자 유치
-2020년 2월 서울청년창업사관학교 졸업
-한국조폐공사와 블록체인 공동 특허 출원/등록
-디지털 자산 교환소 'Bitro' 출시
-필요없는 상품권을 비트코인으로 바꿀 수 있음
-Bitro 서비스 주소 : https://bitro.kr/
-앞으로 다양한 자산들을 즉시 교환할 수 있는 플랫폼으로 확장할
 예정
-겜퍼 홈페이지 주소 : https://gameper.io/

4장

국가·기업의 블록체인 활용사례

R3 - Corda

팟캐스트 '블록킹' 25-2화

길벗 친구1 : 이야~ 길벗 오랜만이다! 취업했다면서? 어떤 회사야?

길벗 : 아 너네 혹시 블록체인이라고 들어봤어? 요새 핫한 기술인데 그걸 다루는 회사야.

길벗 친구2 : 나 그거 들어봤어! 그럼 너 암호화폐 관련 일 하는거야? 거래소에서 일 하는 건가?

길벗 : 하하, 아냐~ 최근 들어 암호화폐에 대한 관심이 급증하면서 흔히들 암호화폐가 곧 블록체인이라고 생각하는 데 엄밀히 따지면 그렇진 않아. 블록체인은 암호화폐만을 위한 기술이 아니거든.

길벗 친구1 : 그래? 흠..그럼 도대체 블록체인이 암호화폐 말고 어떻게 쓰일 수 있다는거지?

길벗 친구2 : 그러게. 나도 블록체인하면 암호화폐만 들어봐서 암호화폐 기술이라고만 알고 있었는데…너가 전문가니까 잘 좀 알려줘봐.

길벗 : 알았어, 알았어. 그럼 차근차근 사례를 들어 얘기해줄 테니 잘 들어봐. 그 전에 우리 일단 밥부터 먹으면서 얘기하면 안될까?

블록체인과 암호화폐가 떼려야 뗄 수 없는 관계임은 분명하다. 아직 태동기라 할 수 있는 블록체인 기술이 향후 어떤 형태로 발전할지는 알 수 없지만, 적어도 현재로서는 암호화폐와 밀접한 관계를 가지고 있다. 암호화폐라는 인센티브가 없으면 아무도 시간과 돈을 들여가며 블록을 생성하려 하지 않을 것이기 때문이다. 하지만 암호화폐는 말 그대로 인센티브일 뿐 블록체인 자체는 아니다. 블록체인은 그 기술만으로도 다양한 활용이 가능하다.

예를 들어 생각해보자. 가계부를 꼭 개인의 수입과 지출을 기록하고 관리하는 용도로만 써야하는 것은 아니다. 가계부를 주부가 쓰면 가정의 생활비를 관리하는 용도로 쓰이지만, 친구들간의 모임에서 활용하면 회비 관리의 용도로 쓰일 수 있다. 뿐만 아니라 가계부를 혼자가 아닌 여러 명이 함께 작성할 수도 있다. 여러 명이서 합의를 통해 작성 규칙을 정하고 모두가 내용을 볼 수 있게 하는 방식으로, 모임의 회계를 보다 투명하게 관리할 수 있는 것이다.

블록체인을 여러 방면으로 활용할 수 있지만, 가장 먼저 움직인 곳은 금융권이다.
흔히 금융권에서 블록체인을 견제한다고 생각하는 이들이 많다. 그도 그럴 것이 블록체인 기술의 기본 컨셉은 기존 금융 생태계를 완전히 뒤집어 놓을 수 있기 때문이다. 하지만 의외로 금융권은 블록체인 기술 도입을 다각도로 검토하고 있다.

금융권의 블록체인 도입 움직임은 2016년 글로벌 블록체인사인 R3의 주도로 구성된 R3 CEV(세계 금융 블록체인 컨소시엄)가 대표적이다. 이미 R3 CEV는 각국의 금융사들이 참여하여 세계 최대의 금융 관련 블록체인 컨소시엄으로 자리매김했다. R3 CEV에서 제시하는 기존 금융시스템의 문제들은 다음과 같다.

- 거래의 처리 절차가 복잡하다.
- 비용이 많이 든다.

1장에서 설명했듯이 이러한 문제들은 은행 간 거래나 외환 거래 시 '중개기관(청산기관)'이 존재하기 때문에 발생한다.

R3는 이러한 문제를 해결하기 위해 '코다(Corda)'를 개발했다. 코다의 기본 개념은 각각의 거래에 대하여 거래 주체들이 합의를 통해 동일한 장부에 기록하고 보관한다는 것이다. 코다는 여기에 코다만의 특징을 추가하여 기존 블록체인과의 차별점을 두고 있다.

1. 거래 정보의 전달과 검증

기존 블록체인은 네트워크상의 모든 거래 정보를 참여자에게 전달하고 검증할 것을 요구한다. 이 방식은 수많은 참여자들에게 정보를 전달하고 검증을 받아야 하므로 상당한 시간이 소요된다. 이 수많은 참여자 중 실제 거래와 관련있는 사람은 극소수일 것이다. 즉, 거래와 상관없는 사람들에게 일일이 거래 사실을 알리고 검증받느라 시간 낭비를 하고 있는 것이다.

하지만 코다는 거래 정보를 거래 주체자들에게만 전달하여 검증하도록 한다. 예를 들어 체스와 기린, 그리고 길벗이 서로 돈을 주고 받는다면 이 세 사람에게만 정보를 전달하고 검증하도록 요구한다. 이 측면에서 코다를 폐쇄형 블록체인이라 볼 수도 있지만 엄밀히 말하면 폐쇄형 블록체인과는 거리가 있다. 폐쇄형 블록체인은 거래 정보를 전달받는 대상을 특정 네트워크 참여자로 제한하기는 하지만, 그 특정 네트워크 안의 참여자들이 모든 거래와 연관되어 있다고 볼 수는 없다. 이를 테면 체스, 기린, 길벗 셋만 참여하고 있는 네트워크에서 체스와 기린 둘이서만 거래를 한다면 길벗은 해당 거래와 상관없는 참여자인 것이다. 이 경우 일반적인 폐쇄형 블록체인은 세 사람 모두에게 정보를 전달하고 검증을 요구하는 데 반해 코다는 거래와 관련없는 길벗에겐 정보를 전달하지 않는다.

2. 합의
 기존 블록체인은 거래의 유효성과 유일성을 모든 네트워크 참여자들의 합의를 통해 동시에 검증한다. 이때의 합의 방식은 투표와 같다. 과반수 이상이 합의를 하면 검증이 되는 것이다. 하지만 이 경우 합의하지 않은 나머지 참여자들도 과반수 이상의 의견에 무조건 따라야 한다는 문제가 있다. 그리고 이는 금융권의 시스템과 맞지 않다. 그런데 코다는 이 둘을 분리해서 검증한다.

 먼저, 유효성은 거래 당사자끼리만 검증한다. 거래라는 것은 당사자들의 합의에 의한 것이기 때문에 당사자들만 문제없다고 판단하면 검증이 완료되는 것이다. 하지만 유일성의 경우는 다르다. 유일성을 거래 당사자들만 검증하면 신뢰성이 확보되지 않는다.

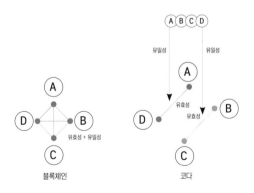

[출처]http:// www.mobiinside.co.kr/2017/06/21/blockchain-part2/

이해를 돕기 위해 다음의 경우를 생각해 보자.

쇼핑을 간 길벗은 마음에 드는 옷을 발견했다. 그 옷을 사기 위해서는 용돈으로 5만 원을 받아야 했다. 길벗은 메신저로 엄마에게 5만 원을 달라고 말했다.

길벗 : 엄마! 저 옷 좀 사게 5만 원만 주세요.

하지만 엄마는 한동안 메신저를 읽지 않았다. 그래서 길벗은 아빠에게도 메신저를 보냈다.

길벗 : 아빠! 저 옷 좀 사게 5만 원만 주세요.

이때, 엄마가 길벗이 보낸 메신저를 확인하고 5만 원을 길벗의 계좌로 보냈다. 곧이어 아빠 역시 메신저를 확인하고 5만 원을 보냈다. 5만 원이 필요했던 길벗은 결국 총 10만 원을 받게 되었다. 하지만 이 사실을 모르는 길벗 엄마는 가계부에 길벗이 5만 원을 받아 옷을 샀다고만 적었다.

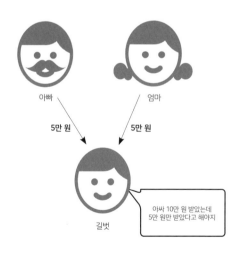

엄마와 아빠는 모두 길벗과의 상호 합의하에 길벗에게 5만 원을 주었다. 따라서 길벗이 엄마, 아빠에게 5만 원을 받은 각각의 거래는 유효성이 검증되었다. 하지만 길벗이 옷을 사기 위해 5만 원을 한 번만 받았다는 것은 검증하지 못한다. 엄마와 아빠에게 따로 물어보면 각각 5만 원을 한 번만 주었다고 말하겠지만 사실 길벗은 옷 값으로 5만 원을 두 번 받았기 때문이다. 따라서 이 경우에는 길벗이 옷값으로 5만 원을 한 번 받았다는 유일성을 거래 당사자들끼리 검증하기 어렵다.

코다는 이러한 문제를 해결하기 위해 노터리(Notary)라는 개념을 도입하여 유일성을 검증하도록 하였다. 여기서 노터리란 거래 당사자들 대신 유일성을 검증해주는 집단으로, 집단 구성원은 환경에 따라 다르게 구성될 수 있다. 위 사례라면 노터리는 길벗의 형제가 될 수 있다. 길벗의 형제는 길벗이 엄마와 아빠께 각각 5만 원씩 총 10만 원을 받았다는 사실을 확인하고 '길벗이 5만 원을 받아 옷을 샀다.'는 거래가 유일하지 않다는 것을 검증할 수 있다.

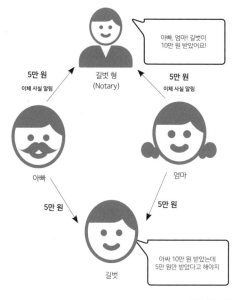

3. 프라이버시

 앞선 코다의 두 가지 특성은 프라이버시 보장이라는 또 하나의 효과를 가져온다. 이미 설명한 것처럼 기존 블록체인은 거래 정보를 모든 네트워크 참여자들에게 전달한다. 따라서 거래 당사자들의 프라이버시를 보호하는 데 한계가 있다. 하지만 코다는 거래 정보를 거래 당사자들에게만 전달하고, 유효성과 유일성을 분리해서 검증하기 때문에 거래 당사자들 외에는 거래 정보를 알 수 없다. 거래 당사자들의 개인 정보 및 거래 정보를 보호할 수 있는 것이다.

4. 법적 효력

 블록체인에 기록된 거래 정보들은 결국 모두 컴퓨터 코드이다. 블록체인 기술이 아무리 보안성이 좋다고 해도 컴퓨터 코드라는 개념 자체가 위변조에 취약하기 때문에 블록체인 내의 정보가 법적 효력을 갖는다고 보장할 수는 없다. 때문에 코다는 하나의 거래에 컴퓨터 코드와 법률 문서라는 두 개의 레퍼런스를 포함시킨다.

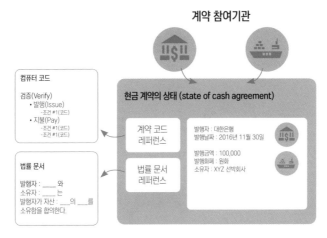

[출처]http://www.mobiinside.co.kr/2017/06/21/blockchain-part2/

컴퓨터 코드가 네트워크상의 규칙을 정하고 실행한다면, 법률 문서는 그 거래의 법적 효력을 담당하는 것이다. 물론 이러한 방식이 실제로 법적 효력을 가질 수 있을지는 앞으로 두고봐야 할 일이다. 하지만 컴퓨터 코드가 가진 법적 문제를 코다를 통해 해결하고자 하는 R3의 시도 자체는 충분히 의미있는 일이라 할 수 있다.

국내 금융권 사례

길벗 친구1 : 오, 사람들이 잘 몰라서 그렇지 블록체인을 기존 산업에 도입하려는 시도가 활발하게 진행되고 있구나?

길벗 : 그렇지! 암호화폐에 대한 관심에 가려져서 잘 모를 수 있지만 기사들을 찾아보면 블록체인 도입을 위해 기업 및 기관들이 진행하고 있는 프로젝트들을 어렵지 않게 찾을 수 있어.

길벗 친구2 : 그럼 국내에서도 관련 사례들이 있는 거야?

길벗 : 물론이지! 이제 국내 금융권에서 블록체인을 어떻게 활용하려 하는지 알려줄게.

국내 금융권에서는 블록체인 도입을 위해 블록체인 전문 업체들과 협업하는 것은 물론, 자체적으로 블록체인 기술을 연구하는 등 움직임이 활발하다. 먼저 2016년 11월에 금융위원회 산하 기관인 '금융권 공동 블록체인 컨소시엄'이 출범하였다. 이 컨소시엄은 국내 16개 주요 은행과 20여 개의 증권사, 2개의 협력기관(금융 보안원, 금융 결제원) 등의 참여로 시작되었으며, 금융권에 블록체인을 도입하기 위한 공동 연구 및 프로젝트 진행을 목적으로 한다.

하지만 금융권 내에서도 업계별 환경과 수요가 상이하여 공동으로 프로젝트를 수행하기에는 무리가 있었다. 이에 금융권은 업권별 컨소시엄을 별도로 구성해 블록체인 서비스를 우선 도입하고, 추후에 다른 업권과 서비스를 연계하여 범금융권적인 블록체인 서비스를 구축하기로 했다. 쉽게 말해 은행들이 공동으로 쓰는 가계부와 증권사들이 쓰는 가계부, 보험사에서 쓰는 가계부 등을 따로 만들어서 이용해본 뒤에 각 가계부들을 하나의 가계부로 합치려는 것이다.

먼저 금융투자협회는 2017년 10월, 세계 최초 블록체인 기반 금융투자업권 공동 인증 서비스인 'Chain ID'를 출시하였다. Chain ID는 26개 금융투자사와 5개 기술업체로 이루어진 금융투자협회 산하 컨소시엄에서 개발한 것으로, 국내 타 금융업권과의 연계를 목표로 하고 있다. 이 Chain ID를 이용하면 이용자들이 한 번의 인증만으로 여러 증권사에서 금융 거래가 가능하다.

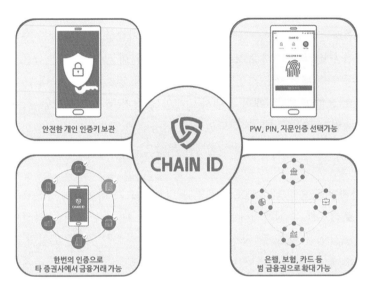

보험업권은 타 금융권에 비해 블록체인 연구를 늦게 시작했다. 하지만 최근 교보생명을 필두로 적극적으로 연구개발하려는 움직임을 보이고 있다. 교보생명은 2017년 2월, 고객의 모든 보험가입 정보를 조회할 수 있는 '스마트 가족보장 분석시스템'을 도입했다. 이 시스템을 통해 보험 설계자는 고객이 가입한 보험 정보들을 간편하게 조회하여 분석할 수 있게 됐다. 여기에는 교보생명 뿐만 아니라 타 보험사의 보험 가입 정보도 포함되어 있으며, 이 과정에서 고객의 개인정보 유출이 발생하지 않도록 노력을 기울이고 있다. 뿐만 아니라 교보생명은 '보험금 자동 지급 서비스'를 시범운영 하고 있기도 하다. 이 서비스는 소액보험금에 한하여 지급 대상자가 직접 보험사에 보험금을 청구하지 않아도 자동으로 보험금이 청구되는 방식이다. 이를 위해 해당 고객의 병원 진단서 사본이 상시 블록체인에 저장되며, 보험금 지급 조건이 충족될 경우 진단서 사본과 함께 보험금 청구서가 발행된다.

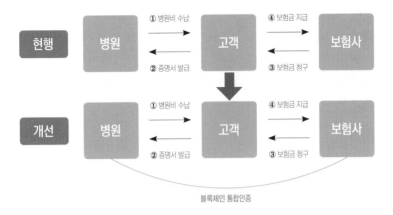

교보생명은 이 서비스를 타 보험사에서도 도입할 수 있도록 API (Application Programming Interface)를 공개했다. 이로 인해 모든 보험사들이 보험금 자동 청구 시스템을 활용할 수 있게 됐다. 이러한 변화에 맞물려 생명보험협회 역시 '블록체인 기반 보험 업권 공동 인증 서비스' 구축을 추진 중이다. 이는 앞서 설명한 금융 투자업권의 공동 인증 서비스와 동일하게 한 번의 인증으로 모든 보험사를 이용할 수 있게 하는 서비스이다.

금융권에서 가장 영향력이 있다고 할 수 있는 은행업권은 블록체인 연구 및 적용에 있어 상당히 조심스러운 행보를 보여왔다. 그도 그럴 것이 탈중앙화 시스템을 표방하며 탄생한 블록체인에는 암호화폐라는 달콤하지만 치명적인 보상이 존재하기 때문이다. 이렇게 '탈중앙화'와 '암호화폐'로 대표되는 블록체인은 중앙 서버를 통해 기축통화를 관장하는 은행 시스템과 대척점에 놓이게 된다. 탈중앙화 vs 중앙 서버, 암호화폐 vs 기축통화(실물 화폐)의 대립 구조인 셈이다. 하지만 블록체인 기술이 4차 산업 혁명의 대표 주자 중 하나로 부상하면서 다양한 개발이 진행됐고, 이로 인해 상당한 기술적 발전을 이끌어내자 은행권에서도 본격적으로 관심을 갖기 시작했다. 2016년 금융권 공동 블록체인 컨소시엄 출범에 앞서, 은행연합회의 16개 은행사가 참여하고 추진한 '은행권 공동 블록체인 컨소시엄'이 결성되어 블록체인에 대한 공동 연구가 시작되었다. 이후 참여은행사가 18개로 확대되었으며, 2018년 4월에 '은행권 블록체인 공동 인증 서비스'의 시범 운영 후 8월에 '뱅크사인'이라는 정식 서비스를 출시하였다. 이 공동 인증 서비스는 금융투자업권과 보험권의 공동 인증 서비스와 같은 방식으로 고객은 한 번의 인증만으로도 18개 은행 서비스를 모두 이용할 수 있다.

국내 은행사들은 컨소시엄을 통한 공동 연구뿐 아니라 자체적으로 블록체인을 연구하며 도입 방안을 검토하고 있다. 먼저 KB국민은행은 2015년에 블록체인 업체 '코인플러그'와 파트너십을 체결하여 인증과 송금 서비스에 대한 프로젝트를 진행했다. 이 프로젝트로 KB국민은행은 이듬해 비대면 실명확인 정보를 블록체인에 저장하는 시스템을 구축했다. 여기서 '비대면 실명 확인'이란 은행을 직접 방문하지 않고 계좌를 개설하기 위한 필수 절차로서, 고객의 신분증 정보와 이체내역 등을 필요로 한다. KB국민은행은 이 정보들을 블록체인에 기록하여 보관함으로써 보안성을 높였다. 뿐만 아니라 KB국민은행은 블록체인 기반의 해외송금 기술을 검증하는 데에도 성공했다.

신한은행은 2016년에 '골드 안심 서비스'를 출시했다. 이 서비스를 이용하는 고객은 골드바 구매시 골드 안심 보증서와 구매 교환증을 발급 받게 되는데, 이때 보증서와 교환증을 블록체인에 기록하여 위변조가 불가능하도록 한다. 또한 보증서와 교환증이 블록체인에 기록되어 있기 때문에 분실 위험 없이 언제 어디서든 꺼내볼 수 있다.

 지금까지 언급한 사례들을 보면 공통점이 하나 있다. 인증과 보안에 초점이 맞춰져 있다는 것이다. 사실 아직까지 인증과 보안 외에 블록체인 기술을 적용할만한 분야를 찾기 쉽지 않다. '탈중앙화'가 있기는 하지만 탈중앙화는 금융권에서 다루기엔 민감한 부분이 많다. 아무래도 금융권은 여러 기업 및 단체들과의 이해관계가 얽히고설켜있기 때문이다. 하지만 이러한 상황 속에서도 블록체인 도입을 위한 새로운 시도가 이루어지고 있다. 2018년 3월에 신한은행과 우리은행이 참여한 리플 네트워크 기반의 해외송금 서비스를 살펴보자.

 신한은행과 우리은행이 참여한 '리플 해외송금 서비스 테스트'는 미국 리플사와 일본 SBI홀딩스가 출자하여 만든 회사인 SBI 리플아시아가 주관했다. 이 테스트는 30여 개가 넘는 일본 은행과 우리나라의 신한은행, 우리은행 등 일부 해외 은행들이 참여한 대규모 테스트였다. 참여 은행의 대다수가 일본은행이었기 때문에 세계적인 테스트라고 하기엔 다소 부족함이 있지만, 잘 알려진 암호화폐 중 하나인 리플을 활용했다는 점은 의미가 있다. 하지만 여기서 '암호화폐 중 하나인 리플을 활용했다.'는 표현에 대해 다시 한번 생각해볼 필요가 있다. 리플사가 독특한 비즈니스적 특징을 가지고 있기 때문이다.

 많은 블록체인 업체들이 탈중앙화를 내세우며 나타난 것과 달리 리플사는 탈중앙화를 목표로 삼지 않았다. 리플사는 기존 금융시스템이 비효율적이라는 입장을 내세우며 효율적인 중앙 시스템을 구축하고자 했다. 해서 선보인 것이 리플인데, 이 리플은 '리플 토큰'과 '리플 네트워크망'으로 나뉜다.

즉, 리플 토큰이나 리플 네트워크만 따로 이용해도 되고 두 가지 모두를 이용해도 되는 것이다. 신한은행과 우리은행이 참여한 테스트에서는 리플 토큰을 사용하지 않고 리플 네트워크만을 이용했다. 테스트의 목적은 단순하다. 현재 해외송금 시 이용하고 있는 SWIFT망에서의 중개은행을 리플 네트워크로 대체하는 것이다. 리플이 중개은행을 대체하려는 이유는 SWIFT망을 이용한 해외송금 시스템이 상당한 비용과 시간을 필요로 하기 때문이다.

현재 SWIFT망을 이용한 해외송금 시스템의 구조를 살펴보자. SWIFT망에서는 송금은행, 중개은행, 수취은행이 있어야 한다. 길벗이 A국가의 a은행에서 B국가의 b은행을 이용하는 체스에게 송금한다고 가정해보자. 이때 a은행은 송금은행이고 b은행은 수취은행이다. 길벗은 먼저 a은행에 b은행으로의 송금을 요청할것이다. 그러면 a은행에서는 길벗의 계좌 정보와 송금 정보를 확인하여 a은행 가계부에 기록한다. 그리고 그 정보를 중개은행으로 전달하면 중개은행이 해당 정보를 다시 한 번 확인하고 중개은행 가계부에 기록한 뒤, 수취은행인 b은행으로 길벗의 송금액만큼을 체스의 계좌로 넣어 줄 것을 요청한다. 마지막으로 b은행에서 중개은행으로부터 받은 정보에 이상이 없다고 판단되면 체스에게 돈을 지급하고 b은행에 기록함으로써 송금이 완료된다.

이 과정만 놓고보면 지금의 해외송금 방식에 불편함을 느끼지는 않을 것이다. 과정이 어떻든 사람들이 바라는 것은 크게 두 가지이기 때문이다. 첫번째는 낮은 수수료고, 두번째는 신속한 처리다. 하지만 현재 해외송금 시스템에서는 이 두가지 조건이 모두 충족되지 않는다. 일단 송금은행, 중개은행, 수취은행들이 모두 수수료를 가져간다. 송금은행과 수취은행에서 수수료를 가져가는 것은 피할 수 없지만, 중개은행에서 상당한 액수의 중개 수수료를 가져가는 것은 고객 입장에서 상당히 아쉬운 부분이다. 거기다 전신료까지 고객이 부담해야 하기 때문에 1회 송금 시에 드는 비용이 상당하다.

 그렇다고 비용이 많이 드는 만큼 처리속도가 빠른 것도 아니다. 일단 SWIFT망에서는 송금은행, 중개은행, 수취은행이 각각의 가계부에 기록하고 전달하기 때문에 그 과정이 상당히 복잡하다. 게다가 이 모든 과정이 자동화되어 있지 않고 사람이 직접 하기 때문에 처리 속도에 한계가 있을 수밖에 없다. 결국 이로 인해 해외송금이 며칠씩이나 소요되는 것이다.

 리플은 이러한 문제를 해결하기 위해 중개은행 대신 리플이 제공하는 네트워크, 즉 리플 가계부를 송금은행과 수취은행이 공동으로 기록하고 관리하도록 하여 비용과 시간 문제를 동시에 해결하고자 한다. 세 개의 가계부가 하나의 가계부로 통일되기 때문에 불필요한 절차가 생략되며 송금은행과 수취은행에서 언제든지 가계부를 확인할 수 있어 위변조의 우려도 없다. 이렇게 처리 과정이 줄어들면 중간에서 발생하는 비용도 자연스레 절감할 수 있다. 여기서 한 가지 유의해야 하는 점은 앞서 언급했듯 이 모든 과정에서 암호화폐인 리플 토큰은 사용되지 않는다는 것이다. 가계부를 하나로 통일해서 송금과정을 간소화하는 것일 뿐, 돈의 지급 방식은 기존과 동일하게 송금은행과 수취은행이 수동으로 처리한다.

국내 물류
유통 시장의 사례

팟캐스트 '블록킹' 41-1화

길벗 : 두번째는 물류 유통 시장이야.

길벗 친구2 : 물류? 유통? 좀 의외인데?

길벗 : 왜?

길벗 친구2 : 아니 그냥 블록체인 같은 신기술 적용이 필요한 분야인가 싶어서…

길벗 친구1 : 듣고 보니 그렇네. 물류 유통은 물량을 확보하고 전달하는 분야인데 그 과정에서 블록체인이 필요한가?

길벗 : 좋은 지적이야. 하지만 물류 유통에서 물건만큼이나 중요한 것이 정보야. 바로 이 정보를 처리할 때 블록체인을 이용하는거지.

물류 유통 시장은 블록체인 적용에 있어서 단골 손님과도 같다. 이유는 간단하다. 물건을 구매하는 소비자들이 날이 갈수록 꼼꼼하고 영리해지기 때문이다. 요즘 소비자들의 소비 형태를 살펴보면 브랜드만 보고 무조건 구매하는 경우는 찾기 힘들다. 원료, 성분, 원산지, 상품평, 가격 등 여러 요소들을 치밀하게 조사하고 분석해서 구매하는 것이 보통이다. 뿐만 아니라 가품을 만드는 기술력이 점점 정교해짐에 따라 잘 팔리는 상품의 경우엔 가품을 걸러내는 과정까지 필요하다.

여러 요소들을 비교 분석했다고 해서 구매가 끝난 것도 아니다. 자신이 주문한 상품이 유통이나 배송 과정에서 문제가 발생하진 않았는지 확인해야 비로소 구매가 완료된다. 따라서 앞으로 물류 유통 시장에서 상품 정보와 그 정보에 대한 검증을 고민하는 것은 선택이 아닌 필수이다.

금융권과 마찬가지로 물류 유통업계에도 블록체인 컨소시엄이 있다. 2017년 5월에 창립된 '해운물류 블록체인 컨소시엄'이 그것이다. 이 컨소시엄에는 국내 물류업체들은 물론 정부기관과 타업계 기관들까지 총 30개 이상의 참여사가 함께 했다. 이들은 국내 수출입 물품들을 대상으로 해운 물류의 전반적인 과정에 블록체인을 도입하기로 합의했다.

해운물류 블록체인 컨소시엄이 블록체인을 통해 해결하고자 하는 바는 금융권 사례와 맥락적으로 같다. 한 마디로 해운물류 과정에서 비효율적인 작업을 없애겠다는 것이다. 실제로 배를 이용한 수출입 과정은 상당히 복잡한 구조를 지니고 있다. 관련된 업체 및 기관들만 해도 수출업체를 비롯해 물류업체, 관세청 등 분야가 다양하고 이들간에 주고 받는 문서만 해도 수백 장에 달한다. 그런데 그 문서들을 직원이 일일이 수작업으로 검토하고 처리해야 하기 때문에 상당한 시간이 소요된다. 문제는 시간뿐만이 아니다. 복잡한 과정 속에서 실수로 인한 오류들이 발생할 수도 있고, 구조적인 틈을 이용한 부조리에도 취약하다. 따라서 컨소시엄은 정보를 처리하고 보관함에 있어 속도와 보안성이라는 두 마리 토끼를 다 잡을 수 있는 블록체인 기술에 눈길을 돌린 것이다.

컨소시엄은 먼저, 세계 최초로 수출통관 업무에 블록체인을 적용했다. 컨소시엄은 이를 위해 7개월간의 기술 검증을 진행했으며, 2017년 12월에 컨소시엄 참여기관인 관세청이 블록체인 적용 성공을 공식 발표했다.

블록체인이 적용된 수출통관 업무의 핵심은 '분산원장'이다. 이 책을 1장부터 정독한 독자라면 분산원장이라는 단어에서 어느 정도 감을 잡았을 것이다. 쉽게 설명하자면 이렇다. 우선 수출통관 업무에 관여하는 업체와 기관을 크게 수출기업, 물류업체, 관세청 세 곳으로 한정하여 생각해보자.

기존 방식에서는 수출기업이 수출하고자 하는 품목과 양, 수출하는 국가 등의 정보를 자신들의 가계부에 적고 그 내용을 물류업체와 관세청에 전달한다. 그러면 물류업체는 전달 받은 내용을 바탕으로 소요시간, 견적 등을 자신들의 가계부에 적은 후 관련 내용을 수출 기업과 관세청에 전달할 것이다. 그와 동시에 관세청은 적하목록에 이상 여부와 관세 정보 등을 수출기업과 물류업체에 전달하는 방식으로 통관 절차가 진행된다. 그런데 이러한 진행 방식은 설명하기도 복잡할 정도로 비효율적이다.

컨소시엄은 이러한 비효율성을 분산원장을 통해 해결하려 했다.

기존 방식에서 세 개의 가계부가 필요했다면, 블록체인을 이용한 방식에서는 블록체인 가계부 하나만 있으면 가능하다. 게다가 한번 블록체인에 기록된 정보는 위변조가 불가하기 때문에 신뢰성 확보 또한 가능하다. 따라서 수출기업, 물류업체, 관세청이 각각 수출통관 업무에 필요한 정보를 블록체인 가계부에 기록하고, 필요에 따라 언제든지 확인하여 서류 제출에 소요되는 시간을 큰 폭으로 줄일 수 있는 것이다.

블록체인 적용을 통해 얻을 수 있는 효과는 시간 단축뿐만이 아니다. 문서 작업 중에 발생할 수 있는 어려운 문제들도 줄일 수 있다. 아무래도 모든 문서 작업을 사람이 직접한다면 실수가 발생하기 쉽다. 각각의 가계부를 따로 갖고 있는 상태에서 타사의 정보를 받아 기록하면 상대방 가계부와 다른 내용이 기록될 수 있기 때문이다. 수출기업이 수출 정보를 자신들의 가계부에 기록하고 물류업체에 전달했다고 가정해보자. 기존 방식 안에서는 해당 정보가 물류업체 가계부에 자동으로 기록되는 것이 아니라, 물류업체가 수출기업으로부터 전달받은 내용을 직접 기록해야 한다. 이 과정에서 물류업체 직원이 실수로 정보를 잘못 기록하면 수출기업이 제공한 정보가 물류업체 가계부에는 다르게 기록되는 문제가 발생한다. 그리고 이 사실을 인지하지 못한 채 업무를 진행하면 더 큰 문제로 발전할 수 있는 것이다. 설령 문제가 더 커지기 전에 발견했다 하더라도 관련된 내용을 지우고 다시 작성해야 하기 때문에 시간 지연과 번거로움을 감수해야 한다.

하지만 분산원장을 통해 하나의 가계부로 관리하면 이러한 문제가 어느 정도 해소된다. 물론 이것 역시 실수를 완벽하게 예방한다고 볼 수는 없다. 하나의 정보를 각 가계부에 옮겨 적는 과정에서의 실수는 예방할 수 있지만, 애초에 초기 작성자가 오류를 범할 수도 있기 때문이다. 하지만 적어도 비효율적인 문서 처리 과정에서 발생하는 실수를 줄일 수 있음은 분명하다.

컨소시엄은 수출통관 업무에서 나아가 해운물류 과정에도 블록체인을 도입하고자 한다. 실제 물류 유통 과정에서는 기상 등의 외부 요인들이 변수로 작용할 수 있다. 예를 들어 운송 과정에서 기상 악화로 인해 운송이 지연될 수도 있고, 물건이 파손될 수도 있다. 문제는 기상이 악화되었다고 운송 과정에서 발생한 문제를 모두 기상 탓으로 돌릴 수 없다는 것에 있다. 기상 상태가 나빴어도 충분히 극복 가능한 수준일 수도 있고, 기상 악화 전에 운송업체의 실수로 문제가 발생할 수도 있다. 하지만 현실적으로 이를 정확히 판단하기는 어렵다. 그저 기상청에서 제공하는 기상 정보나 운송업체의 보고 내용에 의지할 뿐이다. 따라서 컨소시엄은 플랫폼 개발사로 참여한 삼성 SDS를 주축으로 물류과정에 블록체인을 적용하기로 했다.

블록체인을 적용하는 방식은 다음과 같다. 먼저 해상 운송 시에 선박에 사물인터넷(IoT) 기기를 설치한다. 그러면 이 기기가 기상 정보를 비롯한 선박 내부의 온도, 습도, 충격 여부, 선박의 위치 등을 블록체인상에 실시간으로 기록한다. 이렇게 저장된 정보들은 물류 과정에서 문제가 발생할 시 원인을 파악을 위한 근거로 활용할 수 있다. 또한 추후 블록체인에 기록된 원산지와 유통 경로 등의 정보를 소비자들이 확인할 수 있게 하여 제품의 신뢰성을 높일 수 있는 방향으로 발전할 수도 있다.

컨소시엄 참여사는 아니지만 SK(주) C&C도 블록체인 물류 서비스 사업에 뛰어들었다. SK(주) C&C는 컨소시엄이 설립된 시기인 2017년 5월에 블록체인 물류 서비스를 개발했다. 블록체인을 해운

물류에 우선적으로 적용한 컨소시엄과는 달리, SK(주) C&C는 육상과 해상 운송 과정 모두에 적용했다. SK(주) C&C의 블록체인 물류 서비스 방식은 컨소시엄의 것과 유사하다. 물류 유통 관계사들이 함께 쓰는 블록체인 가계부를 만들고, 사물인터넷(IoT) 기기를 이용해 물류 정보를 블록체인 가계부에 실시간으로 기록하는 것이다. 그런데 이때 육상과 해상에서의 방식이 조금 다르다. 육상에서는 로라(Lora)라는 SK텔레콤의 사물인터넷(IoT) 전용망을 이용하여 실시간으로 물류 정보를 수집하고 블록체인에 기록한다. 반면 해상에서는 운송 정보를 수집해 두었다가 도착 시에 일괄적으로 블록체인에 기록하여 공유한다. 여기서 한 가지 특별한 점은 SK(주) C&C가 블록체인을 육상과 해상 운송 모두에 적용한 덕분에 운송 수단이 바뀌어도 물류 관리에 어려움이 없다는 것이다. 일반적으로 운송수단이 육상에서 해상, 해상에서 육상으로 바뀌게 되면 화물의 상태를 확인하여 정보를 다시 기록해야 한다. 운송 과정에서 문제가 발생했을 때 어떤 운송 수단에서 일어난 것인지 책임을 따져봐야 하기 때문이다. 하지만 블록체인 물류 서비스에서는 육상과 해상에서의 물류 정보를 하나의 블록체인 가계부에 기록하여 관리하기 때문에 굳이 다시 확인하고 기록할 필요가 없다.

해외 물류
유통 시장의 사례

팟캐스트 '블록킹' 75-2화

길벗 친구 1 : 물류 유통 사례가 끝 아니야? 더있어?

길벗 : 그럼 국내 사례가 끝인 줄 알았어? 블록체인에 대한 관심은 글로벌하다고!

길벗 친구 1 : 알았어, 알았어! 알겠으니까 이제 빨리 말해줘.

길벗 : 자, 그럼 지금부터 시작할게.

1) 블록체인 택배 보관함 서비스(일본)

이웃나라 일본에서는 블록체인을 이용한 택배 보관함 서비스가 개발됐다. 비트코인 회사인 GMO인터넷이 소프트웨어 개발사인 세존정보시스템즈와 손잡고 개발한 이 서비스는, 국내 사례와 마찬가지로 블록체인을 사물인터넷(IoT)과 접목시켰다.

첫 단추는 역시나 두 회사가 공동으로 기록하고 관리할 수 있는 가계부, 즉 폐쇄형 블록체인을 만드는 것이었다. 이 개발은 GMO인터넷이 담당했으며, 세존정보시스템즈는 GMO인터넷이 개발한 가계부를 활용하여 서비스 관련 시스템을 구축하고 기술 검증을 진행했다.

두 차례의 기술 검증을 거친 후 실제 상품들을 대상으로 한 서비스 검증 작업이 필요했다. 그래서 합류하게 된 곳이 PARCO라는 쇼핑몰 운영사였다. 뿐만 아니라 택배회사와 운송업체까지 참여하여 기존의 배송 시스템과 택배 보관함에 블록체인을 활용한 시스템이 적용될 수 있는지를 확인했다.

이들이 개발한 블록체인 택배 보관함의 핵심은 스마트 컨트랙트이다. 특정 조건을 충족해야지만 계약이 발효되는 이 블록체인 기술을 보관함의 잠금장치에 적용한 것이다.

이용방법은 다음과 같다. 먼저 배송업체 배달원과 수취인이 모두 블록체인 택배 보관함 앱을 설치하고 가입해야 한다. 그러면 배달원이 앱을 통해 수취인 주변의 이용 가능한 보관함 번호를 확인하여 해당 보관함에 수취인의 택배를 넣고 보관함 문을 닫는다. 그 후 배달원이 앱으로 수취인을 지정하고 잠금 요청을 하면 문이 잠기면서 배송 정보 등이 블록체인에 저장되고, 수취인에게 메시지가 발송된다.

메시지를 받은 수취인은 자신의 택배가 보관되어 있는 보관함 위치를 확인한 후 해당 위치로 찾아간다. 그리고 앱에서 택배가 있는 보관함 번호를 누르면 보관함이 열리고 택배를 수령할 수 있게 된다. 이때 수령 정보 역시 블록체인에 저장된다.

블록체인 택배 보관함 이용과정에서 스마트 컨트랙트가 활용된 부분은 배달원이 지정한 수취인만이 보관함 문을 열 수 있도록 한 점이다. 앞서 설명했듯이 스마트 컨트랙트는 특정 조건이 충족되어야만 계약이 발효되도록 하는 기술이다. 택배 보관함 서비스에서는 충족되어야 하는 조건이 '배달원이 지정한 수취인이 잠금 해제를 요청해야 한다.'이고, 이것이 충족됐을 때 발효되는 계약이 '보관함의 문이 열린다.'인 것이다. 그리고 이때 보관함의 문을 여는 열쇠는 수취인이 가진 개인키이다. 이 서비스를 이용하기 위해 회원가입과 로그인을 해야 하는 이유가 바로 여기에 있다. 이 개인키를 이용자의 회원정보에 부여해야지만 스마트 컨트랙트를 활용할 수 있기 때문이다. 배달원이 보관함에 택배를 넣고 수취인을 지정하면 시스템에선 수취인에게 부여된 개인키를 식별하여 보관함 열쇠로 블록체인에 기록한다. 그러면 개인키를 가진 수취인이 로그인하고 보관함 번호를 누를 때 이를 식별하여 보관함을 열어 주는 것이다.

여기서 무엇보다 중요한 것은 배송 정보와 수령 정보의 확실성이다. 만일 배달원이 지정한 수취인 정보나, 수취인이 택배를 수령했다는 정보 등이 변경되거나 삭제되면 추후에 많은 문제가 야기될 수 있다. 그런데 스마트 컨트랙트는 블록체인 기술이기 때문에 관련 정보를 모두 블록체인에 저장한다. 따라서 위변조가 불가해 정보의 신뢰성을 확보할 수 있다.

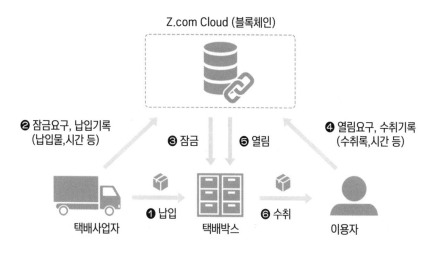

Z.com Cloud (블록체인)

❷ 잠금요구, 납입기록
(납입물,시간 등)

❸ 잠금

❺ 열림

❹ 열림요구, 수취기록
(수취록,시간 등)

택배사업자

❶ 납입

택배박스

❻ 수취

이용자

[그림] 블록체인을 활용한 택배보관 시스템   [출처] https : // cloud.z.com/jp/products/blockchain/

2) 블록체인을 활용한 중소업체 신용평가(중국)

중국의 사례를 이해하기 위해선 먼저 공급사슬(supply chain)의 개념을
알고 있어야 한다. 공급사슬이란 산업구조 전반을 설명하기
위한 개념으로 제품의 생산에서부터 제품이 고객에게 전달되는
과정까지를 나타낸다.

공급사슬은 크게 상류, 중류, 하류로 나눌 수 있는데, 상류에는
제품 생산에 필요한 원자재를 공급하는 업체들이 포함된다. 이
업체들이 원자재를 공급하면 중류에 해당하는 업체들은 공급받은
원자재로 제품을 생산하고, 하류에 있는 업체들이 완성된 제품을
판매 및 배송하게 된다.

상류에 있는 업체일수록 규모가 작은 경우가 많은데 지금은 이런 중소업체들이 점점 많아져 원자재 시장을 여러 업체들이 나눠 가질 수밖에 없는 상황이다. 이 중에서 확고한 입지를 다지지 못한 업체들은 재정적으로 큰 어려움을 겪는다. 그래서 자금 확보를 위해 은행에서 대출을 받으려 하지만 이마저도 신용등급이 낮아 힘든 것이 현실이다. 중소업체들의 신용등급이 낮은 이유는 경영 안정성이 보장되어 있지 않고, 규모가 작아 전반적인 사업 구조를 파악하기가 쉽지 않기 때문이다.

중국 물류업계에서는 이런 구조적인 문제를 블록체인으로 해결하고자 했다. 그래서 출범한 것이 '블록체인 어플리케이션 분과 위원회'이다. 이 위원회는 2016년 12월에 중국물류 및 구매연합회(China Federation of Logistics and Purchasing: CFLP)의 주도로 조직되었으며 중국 내 물류업체들과 블록체인 업체, 금융기관 등이 참여했다. 이들은 중소업체들의 사업구조와 경영현황 등을 블록체인에 기록하여 기업의 투명성과 신뢰성을 확보하려 한다.

그렇게 되면 은행은 중소업체들에 대한 정보를 블록체인에서 언제든 확인할 수 있고, 그 정보를 바탕으로 중소업체들의 신용 등급을 재고할 수 있다. 물론 은행이 신용등급을 재고한다 해도 모든 중소업체들의 신용등급이 상향 조정되는 것은 아닐 것이다. 하지만 경영에 문제가 없는데도 신용등급이 낮았던 업체들의 경우, 신용등급 상향 조정에 따른 은행 대출이 가능해져 재정난을 해소 하는 데 큰 도움이 될것이라는 것이 위원회의 생각이다.

3) 블록체인을 활용한 디지털 국제무역 플랫폼
(IBM + A.P. 몰러-머스크)

IBM은 세계적인 컴퓨터 회사로 유명하지만 블록체인 업계에선 '블록체인 기술 관련 특허수 세계 1위' 기업으로도 유명하다. 물론 블록체인 시장이 아직은 걸음마 단계인 점을 감안하면 이런 수식어가 그리 대단해 보이지 않을 수 있지만, 이제 막 블록체인에 관심을 갖게 된 다른 대기업들에 비하면 한 발 앞섰다고 볼 수 있다. 실제 시장 점유율 면에서는 IBM에 필적하는 기업이 없는 상황이다. 그런데 이런 IBM이 2017년 1월에 세계 최대 해운업체인 A.P. 몰러-머스크(A.P. Moller Maersk)와 블록체인 플랫폼 개발을 위한 합작회사를 설립하기로 했다. 이들이 합작회사를 통해 개발하고자 하는 것은 블록체인을 활용한 디지털 국제무역 플랫폼이다. 이 플랫폼은 기본적으로 IBM이 제공하는 다양한 IT 기술과 접목하여 만들어진다. 사물인터넷(IoT)은 물론이고 인공지능(AI), 빅데이터 등 클라우드 기반의 기술들이 총동원되는 것이다.

머스크와 IBM은 2016년 6월부터 블록체인 및 클라우드 기반 기술 관련 협업을 이어오고 있으며, 양사의 블록체인 플랫폼은 다우-듀퐁(DowDuPont), 테트라팩(Tetra Pak), 미국 휴스턴 항, 네덜란드 로테르담 항만 커뮤니티 시스템, 네덜란드 관세청 및 미관세 국경 보호청 등 다수의 관련 업계 기업과 기관에서 시범 운영된 바 있다.

합작회사의 주요 목표는 개방형 표준에 기반을 둔 국제 무역 디지털 플랫폼을 제공하고 세계 해상운송 생태계에서 활용할 수 있도록 디자인하는 것이다. 글로벌 공급망 전체를 디지털화하는 것을 목표로, 초기에 두 가지 핵심 기능들을 상용화 할 계획이다.

우선 공급망을 관리하는 모든 관계자가 실시간으로 선적 정보를 원활하게 교환할 수 있도록 전자무역(Paperless trade) 시스템을 구축하는 것이다. 이는 문서의 제출부터 검증 및 승인까지의 모든 절차를 자동화하여 통관 및 화물 이동에 걸리는 시간과 비용을 줄이는 데 효과적이다. 또한 모든 승인이 블록체인의 스마트 계약을 통해 디지털로 이루어지므로 승인 속도를 높이고 실수를 줄일 수 있다. 현재 해상운송 산업은 국제 무역의 90%를 운반하고 있지만 여기에 요구되는 서류 작업은 거의 디지털화되지 않은 상태다. 머스크의 연구에 따르면 한 물품의 운송에는 최대 30개 조직의 승인과 200번의 통신이 요구되며, 이렇게 요구되는 서류 중 단 하나의 문서라도 잃어버리면 컨테이너를 항구에서 선적하지 못하거나 한 달 이상의 지연 사태가 벌어질 수 있다.

IBM과 머스크는 이러한 상황을 극복하기 위한 기술적 대안으로 블록체인 기술을 선택했다. 블록체인을 통해 일련의 과정을 디지털화시키고, 화물컨테이너들의 추적을 체계화시켜 공급 사슬의 투명성과 보안성을 높이려는 게 양사의 목표다. 이러한 기술이 완성되면 화물의 발송인과 수취인 양측은 컨테이너 이동 상황에 대한 가시성을 확보할 수 있다. 디지털화된 승인은 배송 관련 정보가 블록체인에 추가된 후, 컨테이너의 항구 이동을 기다리는 동안 관계자들이 전자 승인을 내면 완료된다. 결재가 확인된 블록체인은 물건의 운송을 승인하고, 화물선에 의한 운송 및 배달의 모든 과정을 추적할 수 있다.

해외 물류·유통 분야의 블록체인 기술 활용사례(기타)

주체	내용	비고
아랍에미리트	• 두바이 정부주도로 중동 교역에서 수출입 물품의 추적효율성을 향상 위해 협업 추진 - 두바이 세관, 두바이 무역(Treade)등 두바이 정부는 IBM과 IT업체 DUTECH와 협력하여 하이퍼레저 패브릭과 IBM 클라우드를 활용하여 수출입 프로세스를 위한 무역 금융 및 물류 솔루션 개발 (2017.02) - 주요 이해 관계자가 제품/배송 상태에 대한 실시간 정보를 수신할 수 있도록 출하 데이터를 전송, 종이 기반 계약을 스마트계약으로 변경	
Everledger (블록체인 스타트업)	• 보석이나 고급 와인의 출처에 관련한 기록을 하이퍼레저 기반 블록체인으로 관리하여 제품의 출처를 인증하고 추적하여 사기 문제를 해결 - 종이 인증서의 위조 문제나 출처에 대한 사기를 해결하고 전쟁지역에서 채굴된 다이아몬드와 같이 갈등문제를 유발할 수 있는 보석의 모니터링 가능 - 다이아몬드의 거래 내역을 관계자(판매자, 은행, 보험사 등)와 분산 저장하고, 개별 다이아몬드의 메타데이터 (레이저 기록 및 색, 크기 등)를 유일한 식별자로 만들어 거래 내용과 함께 저장하여 감정서의 위조를 방지 - 보험사기를 위한 정부 조작이나 허위보고서, 증명서 작성을 원천적으로 봉쇄 가능 ※ 사기 방지를 위해 블록체인으로 인증서를 관리하면 보험회사는 매년 50억 달러 절약가능	투명한 공급망 추적과 관리를 위해 하이퍼레저 기반으로 과제 수행
인텔	• 해산물을 추적하기 위해 하이퍼레저 쏘투스 레이크(Sawlooth Lake) 기술을 적용한 데모 공개 - 해산물을 IoT센서를 통해 물리적으로 태그 → 센서는 블록체인에 시간과 위치 관련 데이터를 지속적으로 전송 → Sawlooth는 유통 경로를 통해 변경 내용을 추적·기록 → 구매자는 물고기의 출처에 대한 포괄적 기록에 접근 가능	
Provenance	• 제품의 원산지부터 소비자까지 공급망을 추적하기 위해 이더리움 기반의 블록체인을 활용하고 있음 - 인도네시아에서 잡은 2가지 종류의 참치를 공장, 소비자에 이르기까지 블록체인을 활용하여 추적하여 공급망의 투명성 제고(2016.05)	이더리움 기반으로 제품의 이동경로 추적을 위한 실시간 데이터 수집 및 추적 시험
BHP Billiton	• 세계 최대의 광산 회사로 암석 및 유체(Fluid) 샘플의 이동 경로를 기록하고, 출하 중에 생성되는 실시간 데이터를 수집 관리하기 위해 이더리움 활용	

국내 IOT 시장의 사례

길벗 : 물류 유통 시장의 사례는 여기까지만 설명할게.

길벗 친구1 : 네 얘기를 들으니 뭔가 물류 유통 시장에서 블록체인 적용을 위한 움직임이 가장 활발한 것 같다.

길벗 친구2 : 맞아. 그런데 물류 유통 사례에서는 대부분이 사물인터넷(IoT)과 접목시켜 적용하려는 것 같은데 IoT 시장의 사례를 따로 설명하려는 이유가 뭐야?

길벗 : 음, 물론 물류 유통계에서도 사물인터넷(IoT) 기술을 활용했기 때문에 IoT 시장 사례로 볼 수 있지만 IoT 시장도 상당히 크거든. 물류 유통 분야에서 설명한 것만으론 IoT 시장에서의 블록체인 적용 사례를 다 알기엔 부족하다고 생각해.

길벗 친구1 : 그래, 알겠어. IoT 시장에서의 블록체인 적용 사례가 어떤 게 더 있는지 궁금하네. 빨리 알려줘!

길벗 : 하하, 알겠어 지금부터 알려줄게. 잘 들어봐.

국내 IoT 시장에서의 대표적인 블록체인 적용 사례는, 블록체인 기반의 핀테크 전문기업인 현대페이가 시도했던 IoT 서비스와 플랫폼이다. 현대페이는 자체 블록체인인 Hdac 플랫폼을 구축하여 이를 바탕으로 다양한 블록체인 사업을 추진 했는데, 그 중 하나가 블록체인 IoT 사업인 것이다. 현대페이가 시도했던 서비스와 플랫폼은 다음과 같다.

- **서비스**
  - REALSENSE 안면인식 출입통제 시스템

- **플랫폼**
  - 스마트 IoT
  - 스마트 HERIOT 홈

A. REALSENSE 안면인식 출입통제 시스템

블록체인 기반의 IoT Device간 상호인증 기술을 융합한 출입통제 보안 솔루션이다. 인텔이 IoT시장을 겨냥하여 개발한 Intel Joule Module에 REALSENSE와 더블체인 특허 AEGIS를 결합하여 차별화를 시도했었다.

B. 스마트 IoT

IoT 간 네트워크에 블록체인 기술을 적용하여 보다 안전하고 신뢰할 수 있는 기기 연결 및 연동 체계를 제공하려 했던 플랫폼이다. 특히 폐쇄형 블록체인상에서 IoT 기기간의 상호 인증뿐만 아니라 작동 내역의 저장을 가능하게 하려 했다.

이 컨셉은 스마트 팩토리, 스마트 홈, 스마트 빌딩 등의 다양한 IoT분야에 적용이 가능하다. 또한 IoT 기기간의 상호 계약 및 지불을 위한 Machine Currency를 구현하여 보다 합리적인 소비와 지불이 가능한 Beyond the Human Pay를 실현할 수 있는 플랫폼을 구현하고자 했다.

C. 스마트 HERIOT 홈

스마트 HERIOT 홈 플랫폼은 스마트 홈에 블록체인 기술이 접목된 서비스를 말한다. 이 서비스를 통해 아파트 관리비의 투명한 관리가 가능해지며 아파트에 적용된 사물인터넷 기기의 보안이 강화되어 입주민들이 안심하고 생활할 수 있다.

이 플랫폼을 만들기 위해 현대페이는 2018년 1월, 산업 IoT 솔루션 구축 전문업체인 제이컴피아와 양해각서(MOU)를 체결했다. 이에 따라 현대페이와 제이컴피아는 '블록체인 기반 신뢰네트워크를 통한 IoT 솔루션 공동사업'을 진행했었다.

양사는 제이컴피아의 'J-Works IoT 솔루션'과 현대페이 'Hdac 플랫폼'을 결합, 산업용 IoT 적용 사업 모델을 공동 발굴하기 위해 노력했다. 이외에 수주사업화를 가시화하고, 중공업 분야 야드 적재물 관리 및 중장비 관리, 편의점 유통과정에서 중간 물류창고 재고를 지능적으로 관리하는 IoT 솔루션을 단계적으로 추진하려고도 했다.

하지만 결과적으로 현대페이의 이러한 시도들은 현재 중단된 상태다. 개발이 중단된 배경에는 다양한 원인들이 있겠지만, 블록체인과 IoT 기술의 완성도나 규제의 문제가 가장 크게 작용했을 것으로 보여진다.

비록 현대페이가 이러한 서비스와 플랫폼 개발을 중단했지만, 여전히 블록체인을 활용한 다양한 사업을 추진 중에 있다. 그리고 그러한 시도들을 지속적으로 해나가다 보면 중단된 서비스와 플랫폼 개발도 다시 재개될 여지가 충분이 있어 보인다.

해외 IOT 시장의 사례

길벗 친구 1 : 블록체인 시장의 가능성은 무궁무진하구나.

길벗 친구 2 : 국내 이야기를 들었더니 갑자기 해외 시장이 궁금해지네. 해외 IOT
시장은 더 크지 않을까?

길벗 : 어허~ 국내도 작지는 않지.

길벗 친구 1 : 국내도 작지는 않지만, 해외는 엄청 크겠지.

길벗 : 해외 IOT 시장에서도 재밌는 사례들이 많기는 해.

길벗 친구 2 : IOT가 블록체인 보다 더 재밌을 것 같은데?

길벗 친구 1 : 확실히 IOT는 눈 앞에 보이는 것이 있잖아.

길벗 : 그럼 잠깐 안 보이는 곳으로 따라올래? 이 것들이 블록체인 산업 종사자
앞에서...

길벗 친구 1 : ...

1) 블록체인 기반 IoT 전원 소켓(일본)

　살다보면 한 번쯤 이런 경우가 있었을 것이다. 카페에서 음료 한 잔을 시켜놓고 몇 시간동안 노트북으로 업무를 보는 일 말이다. 이때 많은 사람들이 카페에 있는 콘센트를 이용해 노트북을 충전한다. 꼭 카페와 노트북이 아니더라도 개방된 공간에 오랜 시간 있어야 하거나 급하게 전자기기를 충전해야 하는 경우 콘센트를 찾아 헤맬 때가 많다. 그런데 그런 개방된 공간에서 전자기기를 충전할 때 전기요금에 대해 걱정하는 사람들이 있을까? 아예 없다고 단언할 수는 없지만, 대부분 자신이 납부하는 전기요금이 아니기 때문에 신경쓰지 않았을 것이다. 하지만 자신이 전기요금을 납부하는 입장이라면 그럴 수 없다. 예를 들어 자신이 카페 사장인데 손님이 5,000원짜리 커피 한 잔을 시켜놓고 하루종일 전자기기를 충전하고 있다면 기분이 마냥 좋을 수는 없다. 그렇다고 손님을 내쫓을 수도 없고 전기 사용량을 제한할 수도 없으니 손 놓고 있을 수밖에 없는 것이다.

　일본의 IoT/IoM 기업인 Nayuta는 이러한 문제를 해결하고자 블록체인 기반의 IoT 전원 소켓개발을 진행했고, 2016년 1월에 프로토타입을 공개했다. 이 소켓의 원리는 이렇다. 일단 처음에 소켓 전원은 비활성화 상태다. 즉, 코드를 꽂아도 전기가 들어오지 않는다. 소켓을 사용하기 위해선 스마트폰을 이용해 소켓 소유자에게 소켓 사용을 위한 토큰을 요청해야 한다. 그러면 소켓 소유자가 사용자에게 스마트 토큰을 지급하고, 사용자는 그것을 이용해 소켓 전원을 활성화시킬 수 있다.

　여기서 중요한 것이 바로 스마트 토큰이다. 스마트 토큰은 블록체인을 통해 발행된 토큰으로 그 속에는 소켓의 사용 가능 날짜와 시간이 기록되어 있다. 그리고 이 정보들은 당연히 블록체인에도 기록된다. 그래서 토큰이 사용자의 스마트폰에 지급되면 스마트폰과 소켓 사이의 BLE(Bluetooth Low Energy) 연결을 통해 스마트폰으로 소켓을 활성화할 수 있는 것이다. Nayuta는 소켓을 개방된 공간에 제약 없이 설치할 수만 있다면 좀 더 효율적인 사회 인프라를 구축할 수 있을 것이라 기대하고 있다.

[출처] http://snowdeexr.github.lo/blockchain/2018/01/07/blockchain-seminer-blockchain-business-model-example/

2) 블록체인 기반 주거 임대 서비스(독일)

독일의 스타트업 슬록잇(Slock.it)은 에어비앤비와 같은 주거 임대 서비스에 블록체인을 접목시켜 중개자가 없이도 거래가 가능한 새로운 플랫폼으로 발전시켰다. 이 주거 임대 서비스는 스마트 컨트랙트를 이용하였는데, 이용자가 임대료와 보증금을 지불하면 사용자의 스마트폰에 스마트 키가 지급되는 방식이다. 그러면 이용자는 스마트폰을 이용해 현관의 IoT 잠금장치를 열 수 있다. 뿐만 아니라 집안의 다양한 IoT 기기나 서비스들을 이용할 수 있는데, 이때 암호화폐로 결제하도록 하여 환전수수료를 없앴기 때문에 저렴한 비용으로 이용 가능하다.

이용자의 모든 이용내역은 블록체인에 기록되므로 서비스

이용을 마치면 계약내용과 이용내역을 바탕으로 비용을 정산한다. 정산방식은 최초 이용자가 지불한 임대료와 보증금에서 남은 금액을 돌려받는 식이다.

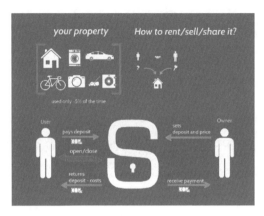

[출처] http://snowdeer.github.io/blockchain/2018/01/07/blockchain-seminar-blockchain-business-model-example/

3) 블로클릿(Blocklet) 칩(미국)

블록체인을 산업용 IoT 기기에 연결한 사례도 있다. 미국의 스타트업 필라멘트(Filament)는 산업용 IoT 기기가 여러 블록체인 기술과 호환될 수 있는 칩을 만들었는데, 그것이 바로 블로클릿 (Blocklet) 칩이다. 이 칩을 이용하면 산업용 IoT 기기들이 동작할 때 IoT 센서의 데이터를 블록체인에 직접 코딩하여 기록할 수 있다.

이 블록클릿 칩이 상용화된다면 산업의 구조는 기존의 중앙 통제에서 분권화된 형태로 바뀔 것이다. 서로 다른 IoT 기기들을 일일이 제어하고 관리할 필요 없이 IoT 기기들끼리 필요한 정보를 알아서 교환하여 업무의 효율을 늘릴 수 있다.

4장을 정리하며

팟캐스트 '블록킹' 16-1화

중앙화된 권력이 블록체인을 다루면 역시 중앙화된 구조가 아니냐는 의문이 들 수 있다. 이 때문에 프라이빗 블록체인은 진정한 블록체인이라고 볼 수 없다는 견해가 나오기도 한다. 하지만 블록체인은 단일한 기술이 아니다. 프라이빗 블록체인을 기반으로 서비스를 만드는 주체도 나름의 이유가 있다. 우리는 다양한 논리와 사례를 통해 자신만의 관점을 만들 필요가 있다.

4장을 쓴 목적도 여기에 있다. 4장에서 제시한 사례들이 정답이라 할 수는 없다. 오히려 블록체인으로 보기 어려울 수도 있다. 다만, 블록체인을 둘러싼 다양한 관점과 담론이 존재한다는 것을 기억해둘 필요가 있다.

믿거나 말거나 사기 코인 판별법

다 그런 것은 아니니, 재미로만 보세요~

- 준법 정신에 입각해 발행한 코인이라고 한다(응? 정부는 기본적으로 익명을 싫어하지 않나?).
- 홈페이지가 지나치게 화려하다(포장지만 화려할 가능성이 크다.).
- 논리는 없고 들고 있으면 무조건 100배 이상은 오를 것이라고만 한다(공짜 좋아하면 대머리 된다는 말을 기억하자.).
- 곧 거래소에 상장될테니 지금 사야된다고 한다(걱정마라, 당신이 사자마자 가격은 폭락할 것이다.).
- 코인 하나 사면 하나 더 준다고 한다(놀이터에 있는 조개껍데기 두 개 집으로 가져온다고 생각하면 된다.).
- 프로젝트를 만든 사람들의 출신 대학이 좋다고 한다(그 대학 출신들이 한 해에 몇 만명 나온다.).
- 해외에서 난리난 코인이라고 한다(앞으로 감옥 또는 그 나라에서 살게 될 것이다.).
- 아직은 사례가 없지만 앞으로 다양한 분야에서 쓰일 것이라고 한다(수학에서 오답은 두 종류가 있다. 부정과 불능. 답이 없어도 오답, 많아도 오답이다. 즉, 아무 것도 없을 가능성이 많다.).
- 특정 프로젝트를 지나치게 비난한다(잘난 사람 질투하는 것이다. 비난하고 있는 프로젝트를 주목해라).
- 사기와 별개로 코인판은 망할 것이라 한다(사야할 때다.).

5장

블록체인
기술에 대해
생각해보아야할 점

분산화가 꼭 좋은 것일까?

기린 동생 : 그런데 분산화를 꼭 해야 돼? 블록체인 얘기하는 사람들은 맨날 분산, 분산 거리더라.

기린 : 좋은 질문이야. 분산화를 하면 좋은 점이 뭘까?

기린 동생 : 음… 대한민국 정부도 삼권 분립이라는 개념을 가지고 있잖아. 절대 권력은 절대 부패한다고도 하고. 중앙화된 권력은 항상 문제를 초래하니까?

기린 : 우와… 아니 기대하지도 않았는데 이런 훌륭한 대답을… 맞아. 근데 너는 왜 분산이 필요하냐고 물어본거야? 다 알면서.

기린 동생 : 하지만 대통령 제도라는 것도 어찌보면 굉장히 중앙화된 권력인데 대부분의 국가에서 채택하고 있잖아.

기린 : 맞아. 사실 분산화를 하면 서로 합의하는 과정이 필요하기 때문에 거기에 들어가는 비용과 시간이 추가로 들어가지. 우리나라가 일반적인 정책을 결정할 때 직접 민주주의가 아닌 간접 민주주의를 택하는 것도 그런 이유야. 그런데 이렇게 대답이 척척 나오다니… 그동안 열심히 공부한 보람이 있구나.

블록체인 관련 뉴스나 기사를 보면 반드시 빠지지 않고 등장하는 단어가 있다. 바로 분산화(Decentralized)이다. 비슷한 단어로는 탈중앙화가 있다. 거의 대부분의 블록체인 프로젝트들은 기존의 중앙화된 시스템에서 벗어나 탈중앙화 시스템으로 바꾸어야 한다고 얘기한다.

중앙화 시스템은 장점과 단점이 뚜렷하다. 장점으로는 빠른 의사결정 구조와 그에 따른 시간과 비용의 절약이다. 단점은 의사결정이 옳든 그르든 소수에 의해 결정된다는 것이다. 소수가 의사결정권을 갖고 있으면 그들이 잘못된 의사 결정을 했을 때 전체가 피해를 입을 수 있다.

탈중앙화 시스템은 중앙화 시스템과 반대다. 서로 합의하는 과정이 필요하기 때문에 의사 결정이 느리고, 그에 따른 필요 시간과 비용이 증가한다. 대신 여러 참여자들의 합의 과정이 있기 때문에 중앙화 시스템보다 상대적으로 다수의 의견이 결정에 반영된다. 이때 시간과 비용의 소요는 얼마나 많은 참여자들이 합의 과정에 참여하느냐에 따라 달렸다.

앞에서 블록체인을 공동 가계부를 쓰는 것에 비유했다. 언뜻 보기에, 공동 가계부를 쓰는 것은 상당히 비효율적인 일이다. 매 특정 시간마다 가계부를 만드는 데 시간과 비용이 들어간다. 참여자들이 가계부를 쓰는 '노동'을 해야 하고, 참여자들이 서로 잘 쓰고 있는지 여러 요소들을 검증해야 한다.

가계부를 믿을 수 있는 한 사람에게 맡기고, 다른 사람들은 그 사람에게 대리 작성을 요구하는 형식으로 가면 어떨까? 가계부를 맡은 사람만 잘 감시하면 가계부는 문제없이 쓰일 것이다. 일반 참여자들이 노동을 할 필요도, 가계부를 검증하기 위한 규칙을 정할 필요도 없다. 이것이 바로 지금의 은행이고 정부이다. 하지만 이 가계부 책임자가 아무도 몰래 조작을 한다면? 가계부를 매일 들여다보지 않으면 알 수 없게 조금씩 조작을 한다면? 이러한 문제를 예방하기 위해 블록체인이 탄생한 것이다.

 블록체인의 도입 여부 및 형태는 참여자들의 숫자와 참여자들 간의 신뢰도에 달려 있다.

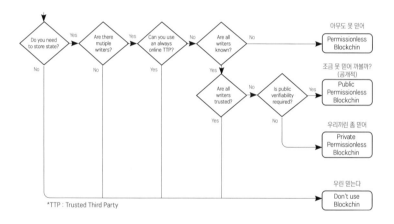

[취리히 공대에서 출판한 블록체인에 대한 논문 중]
[출처] https://eprint.iacr.org/2017/375.pdf
Karl wust, Do you need a blockchain?, 2017

 위의 그림은 취리히 공대에서 출판한 논문에서 발췌한 내용으로, 블록체인을 사용해야 되는 상황과 사용하지 않아도 되는 상황에 대한 판단을 알기 쉽게 나타낸 것이다. 논리는 간단하다. 참여자가 소수인지 다수인지 그리고 그 참여자들을 얼마나 믿을 수 있는지에 따라, 폐쇄형 블록체인과 개방형 블록체인으로 나뉘고, 그 안에서 얼마나 권한을 제한할 것인지가 결정된다. 결국 참여자와 참여자 사이의 행동 속도와 비용은 서로 간의 신뢰도에 따라 결정되는 것이다.

단순하게 커피 가게로 생각해보자. 비트코인을 이용해 커피를 사면 결제 완료까지 약 10분이 걸린다. 구매자가 만든 거래가 처음으로 블록에 포함되어 채굴 되기까지 걸리는 시간이 약 10분이기 때문이다. 더 안전하게 거래를 하려면 1시간 이상을 기다려야 한다. 이더리움처럼 블록을 만드는 데 15초만 걸리면 괜찮을까? 하지만 카드를 이용하면 1초 안에 결제를 완료하고 커피를 먹을 수 있다.

앞서 얘기했듯, 블록체인이 제공하는 많은 서비스는 탈중앙화를 목표로 내걸고 ICO를 하고 프로젝트를 진행한다. 우리는 그 서비스가 정말로 탈중앙화 되어야만 발전하는 서비스인지, 탈중앙화와 상관없이 발전할 수 있는 서비스인지를 잘 판단해야 한다.

제로섬 게임
- 세상엔 공짜가 없다

팟캐스트 '블록킹' 45-1화

기린 동생 : 블록체인에서 어떤 활동을 하면 보상으로 토큰이나 코인을 주잖아. 그럼 그런 토큰들은 어디서 오는 거야?

기린 : 보통은 각 블록체인의 규칙에 따라 채굴한 코인 또는 토큰이 분배되지.

기린 동생 : 근데 그렇게 토큰들을 막 주면 그 토큰들이 가치가 있어?

기린 : 좋은 질문이야. 토큰들이 거래소에 상장되면 가격이 정해지고 거래를 할 수 있지? 블록체인 위에서 공짜로 주는 것 같은 토큰들에 어떻게 가격이 매겨지고 가치가 상승되는지 생각해본 적 있어?

기린 동생 : 잘 모르겠어

일반적으로 무료로 서비스를 제공하는 대부분의 회사는 광고 수입을 통해 회사를 유지한다. 구글이나 네이버 같은 거대 회사들은 일반 고객에게는 따로 서비스 이용료를 받지 않는다. 대신, 규모가 큰 회사 차원에서 서비스를 이용하려 할 때 서비스 이용료를 받고 자신들이 모은 고객 정보를 가공하여 가치 있는 정보로 만들어 외부에 제공하는 식으로 수익을 창출한다. 하지만 가장 큰 수입은 바로 여전히 광고 수입이고 이를 통해 얻은 수익으로 고객에게 서비스를 제공하거나 보상을 주는 것이 보통이다.

그렇다면 블록체인의 코인 또는 토큰들은 어떻게 가격이 매겨지는 것일까? 기본적으로는 해당 토큰이 제공하는 서비스의 가치가 토큰의 가격에 반영된다. 따라서 그 토큰을 사용하고자 하는 고객의 구입가격과 토큰을 판매하고자 하는 고객의 판매가격이 합의점에 이를 때 그 가격에 토큰이 거래된다.

고객에게 나누어주는 보상 코인 또는 토큰의 경우는 어떨까? 이 경우 보상의 가치 또는 가격은 어떻게 매겨지는 것일까? 고객이 보상을 받기 전 한 행동의 가치로 보상의 가격이 매겨진다.

고객이 특정한 블록체인 플랫폼에 참여한 것 자체가 가치있다면 그것만으로도 보상 토큰을 받을 수 있다. 블로그 플랫폼의 경우, 참여자는 글을 쓸 수도 있고 특정 글에 대하여 댓글을 남기거나 좋아요 혹은 싫어요 점수를 줄 수 있다. 플랫폼의 입장에서는 참여자의 이런 행동들이 모두 플랫폼을 번영시키는 '노동'으로 볼 수 있고 이러한 노동의 대가로 토큰을 줄 수 있는 것이다. 따라서 이런 보상 토큰의 가격들은 일정한 가격이 정해져 있지 않고 시시각각 변화한다.

예를 들어 플랫폼의 유저가 적을 때는 이 플랫폼에 글을 쓴다는 것 자체가 큰 기여가 되기 때문에 창작물을 만들어내는 행위만으로도 큰 보상을 받을 수 있다. 그리고 이 글에 댓글을 다는 행위 또한 플랫폼의 초반에 플랫폼 가치를 크게 상승시키는 행동이 되기 때문에 보상을 많이 받을 수 있다.

하지만 플랫폼에서 글을 쓰는 유저가 많아지면 더 이상 단순히 글을 쓰는 행위만으로 플랫폼에 크게 기여하는 노동을 한다고 보기 어렵다. 따라서 이때에는 적은 보상을 받거나 거의 받지 못하게 된다. 댓글의 경우도 마찬가지이다. 결국 글을 통해 플랫 폼에 얼마나 큰 이점을 주느냐에 따라 글에 대한 보상이 달라지게 되는 것이다.

글을 쓰는 것에 대한 보상이 줄어들어 플랫폼에서 유저가 떠나가면 다시 창작에 대한 보상은 커질 것이다. 보상이 커져 유저가 많이 모여들고 글 보상이 적어지면, 다시 유저들은 떠나게 될 것이다. 보상을 주는 플랫폼에서는 이러한 보상 균형을 볼 수 있다. 일정한 유저수를 유지하는 것이 플랫폼 유지에 좋은지, 유저를 지속적으로 늘려가는 것이 좋은지는 플랫폼의 서비스 철학에 따라 판단 기준이 달라진다.

우리가 앞에서 다룬 채굴의 경우도 마찬가지이다. 채굴 자체가 블록체인 네트워크를 유지하기 위한 '노동'으로 간주되기 때문에 채굴자에게 보상을 주는 것이다. 비트코인 네트워크에서 비트코인을 거래하는 행위는 비트코인 네트워크의 서비스를 이용하는 것이기 때문에 비트코인 네트워크에 수수료를 지불한다. 만약 비트코인 거래가 비트코인 네트워크의 가치 향상에 기여한다면 이 행동 또한 보상을 받게 될 것이다.

블록체인에서 주는 코인과 토큰들을 공짜 돈으로 생각하는 경우가 많은데, 사실 해당 플랫폼에 대한 노동의 대가로 주어지는 것이다. 그 플랫폼에 투자한 시간과 노력을 보상으로 받았다고 볼 수 있다. 때문에 많은 블록체인 프로젝트들이 기존의 유저들이 플랫폼에 기여하는 행동을 해도 받을 수 없었던 보상을 이제 돌려주겠다는 논리를 펼치는 것이다. 유저들은 보상이 사실 공짜가 아니며, 기존의 플랫폼에 참여하여 자신들이 활동했던 것 또한 일종의 노동이었다는 것을 깨달아야 한다.

블록체인이 문제일까, 서비스가 문제일까

기린 동생 : 이번에 학교에서 스타트업 아이템 공모전을 한다고 해서 한번

　　　　　참가해보려고 하는 데 좀 도와줄 수 있어?

기린 : 그래. 근데 아이디어가 뭔데?

기린 동생 : 블록체인.

기린 : 그래서?

기린 동생 : 블록체인을 쓸 거라니까?

기린 : 그래서 블록체인으로 어떤 서비스를 할 건데?

기린 동생 : 그냥 블록체인을 쓰면 되는거 아니야? 그러면 이렇게 할게. 합리적인

　　　　　의사 결정 구조와 채굴 과정을 가진 블록체인을 쓸 거야.

기린 : 내 말은, 그래서 그 블록체인으로 어떤 서비스를 제공할 거냐는 거야.

기린 동생 : 그런 게 중요해?

당연히 중요하다. 블록체인이라는 기술에 지나치게 몰두해있으면 본질적인 목적을 잊게 된다. 블록체인을 사용하는 이유는 무엇인가? 블록체인을 사용하는 이유는 궁극적으로 특정한 가치를 제공받기 위함이다. 블록체인 자체가 좋든 나쁘든 유저가 보는 것은 결국 그 블록체인이 자신에게 주는 이익에 관한 것이다.

앞에서 이야기한 여러가지 요소들(성능, 확장성, 합의 과정 등등)이 모두 훌륭한 블록체인이 있다고 해보자. 그런데 이 블록체인이 사용자에게 아무런 가치도 제공하지 않는다면 이 블록체인을 사용할 이유가 있을까? 당연히 없다. 따라서 블록체인을 만들거나 이용할 때는 이 블록체인이 어떤 가치를 유저들에게 제공할 수 있는지 생각해야 한다. 그 유저들은 개발자가 될 수도 있고, 개발자가 만든 서비스를 제공받는 일반 유저일 수도 있다. 가계부도 마찬가지이다. 겉표지가 화려하고 종이의 품질이 좋은 가계부라도 그 가계부가 제공하는 기능이 낡은 가계부 보다 덜하다면, 사람들은 낡은 가계부를 사용할 가능성이 높다. 그렇다면 블록체인을 통해 서비스를 제공하는 것은 블록체인을 이용하지 않은 서비스보다 무조건 나을까?

블록체인을 기반으로 한 게임 A와 블록체인을 이용하지 않는 게임 B 의 다른 조건은 모두 같다고 가정했을 때, 유저가 A와 B 중 하고 싶은 게임을 고르는 기준은 무엇일까? 당연히 어떤 게임이 더 재미있느냐의 문제일 것이다. 결국 블록체인을 이용하든 이용하지 않든 유저 입장에서 가장 중요한 것은 서비스이다. 단순히 기존 서비스에서 블록체인을 추가했다거나 대체했다는 것만으로는 더 좋은 서비스를 제공할 수 없다. 블록체인만이 줄 수 있는 가치가 있어야 유저들이 블록체인을 이용한 서비스에 좀 더 관심을 갖게 될 것이다.

최근 블록체인 분야에서 가장 핫한 연구 분야 중 하나는 바로 UX(User Experience)이다. UX란 유저가 특정 서비스를 직간접적으로 사용하면서 느끼고 생각하는 종합적인 경험을 말한다. 특정 서비스를 기획할 때 UI/UX를 기획한다는 것은 사용자가 사용하기 쉽게 디자인이나 기능의 플로우를 만들어 나간다는 것을 의미한다.

UI/UX는 앞에서 언급한 서비스의 질에 직결되는 포인트 중 하나이다. 블록체인을 활용한 서비스를 구축할 때, 지갑 관리를 어떻게 할지 블록체인의 특징을 어떻게 서비스에 잘 표현할 수 있을지 많은 고민을 하게 된다. 블록체인을 사용함으로써 오는 이점들을 유저에게 잘 전달할 수 있어야 블록체인을 이용하지 않은 여타 서비스들보다 더 경쟁력을 가질 수 있기 때문이다.

가계부의 예를 다시 떠올려보자. 가계부에 무언가를 기록하기 위해서는 필기구가 필요한데, A 가계부에는 필기구를 꽂아놓을 수 있는 공간이 있어서 이용이 편리한 반면 B 가계부에는 필기구를 위한 공간이 없어서 기록을 하려고 할 때마다 필기구를 찾아야 된다고 해보자. 접근성 및 시간과 노력의 절약 측면에서 A 가계부는 B 가계부보다 월등하다.

A 가계부　　　　　　B 가계부

가계부에 기록하는 방식도 중요하다. 다음 거래를 적기 위해

앞에 적힌 거래들을 읽는데, 글씨체가 나빠 읽기 어렵다면 다음 거래를 적는 행위에 어려움을 겪을 것이다. 가계부가 원활하게 쓰이기 위해서는 기록되는 내용들이 알기 쉽게 표현되어야 한다. 블록체인 또한 유저에게 널리 쓰이기 위해서는 블록체인에 기록된 내용들을 쉽게 읽고 쓸 수 있어야 한다.

A 가계부   B 가계부

기존 산업의 서비스를 블록체인으로 대체하면 무조건 이익을 얻을 수 있을까? 보통 블록체인이란 신기술을 활용하면 큰 이익이 생길 것이라 기대하기 쉽다. 하지만 다양한 관점에서 고려해봐야 한다. 기존 산업의 서비스는 대체로 블록체인이 없이도 이미 잘 작동하고 있는 상태이다. 그런데 기존 산업 구조를 다 없애버리고 블록체인 기반의 새로운 인프라를 구축하면, 많은 시간과 비용이 들게 된다.

새 인프라를 블록체인 기반으로 구축할 경우, 블록체인을 이용했을 때의 이점만 고려해서는 안 된다. 기존 인프라를 걷어내고 새 인프라로 옮겨가는 데 드는 비용을 모두 고려하여야 한다. 따라서 기존 산업의 인프라를 블록체인으로 대체하는 것을 쉽게 생각해서는 안 된다. 오히려 기존 인프라가 없는 나라 또는 지역에서 블록체인 기반의 인프라를 새로 설계하고 만드는 것이 더 좋은 시작점일 것이다.

블록체인은
만병통치약일까

기린 동생 : 오빠, 오늘 뉴스를 보니까 블록체인을 공부에 적용한다고 하던데?

기린 : 어떻게?

기린 동생 : 몰라, 시험 잘 보면 코인을 준다고 하던데?

기린 : …

최근 블록체인이 대두되면서, 각종 산업에서 블록체인을 적용하려는 움직임이 크게 일고 있다. 일단 뭐가 됐든 블록체인을 붙이고 보자는 식이다. 과연 블록체인은 모든 문제를 해결해줄 수 있는 만병통치약일까?

수능 시험을 블록체인에서 채점을 한다고 가정해 보자. 수능 시험의 정답은 블록체인이 만드는 것이 아니라, 사람이 만들어서 입력을 해야 한다. 1번 문제에 대한 정답이 2번인데, 사람이 실수로 3번이라고 입력하면, 블록체인도 3번이 정답이라고 채점을 한다.

결국 블록체인 안에서 검증된 값이라는 것은 블록체인 알고리즘 안에서 생성된 값들인 것이지, 외부에서 들어온 데이터에 대해서는 아무런 검증도 할 수가 없다.

다른 사례를 보자. 실제로 내가 누군가에 맞은 적이 없는데, 만약 '철수가 나를 때렸다'라고 블록체인에 기록할 수 있다. '철수가 나를 때렸다'라고 기록된 사실이 있지만, 실제로 내가 맞은 것은 아니다, 블록체인에 기록된 사실은 있지만, 그 사실은 진실이 아닌 것이다. 블록체인이 기록된 사실이 진실인지 아닌지 판단할 수는 없다.

마찬가지로, 비트코인 블록체인에서 검증될 수 있는 값은 하나다. 바로 비트코인이다. 채굴에 의해서 비트코인이 생성되고 거래에 의해 비트코인이 유통되는 것만이 비트코인 블록체인에서 유일하게 검증가능한 대상이다. 이더리움도 마찬가지이다. 이더리움 블록체인 안에서 채굴에 의해 생성된 이더리움, 그리고 스마트 컨트랙트 내부에서 생성된 데이터 값들과 그 값들의 전송 및 거래만이 이더리움 블록체인에서 검증될 수 있다.

블록체인 외부에서 블록체인 안으로 넣어준 데이터들에 대해서는 검증할 수 있는 수단이 없다. 아주 간단한 승부 맞추기 스마트 컨트랙트를 생각해보자. 스포츠 경기에서 오늘 아침에 어떤 팀이 이겼는지는 '외부'의 데이터지 블록체인 내부 데이터가 아니다. 그렇다면 외부에서 블록체인 내부로 데이터를 넣어주는 사람 또는 컴퓨터를 믿을 수 있을까? 블록체인은 블록체인 플랫폼 안에서만 검증 가능할뿐 그 외의 요소들에 대해서는 전혀 알지 못한다.

다수결로 블록체인 내부로 넣은 값들 중 특정 데이터를 신뢰하는 것으로 결정할 수는 있다. 다만 그 값은 블록체인 내부 알고리즘에 의해 생성된 자산처럼 '사실'이 아니라 '사실로 믿자'는 의견이다. 그 의견은 언제든지 바뀔 수 있다.

작년에 한국 프로야구 어느 팀이 우승했어?

블록체인

블록체인의 처리 속도 또한 무분별한 적용에 제약이 된다.

- 비트코인 : 초당 약 7개의 거래
- 이더리움 : 초당 약 15개의 거래
- 비자 : 초당 약 1,000개의 거래

일반적으로 은행이나 금융권에서 고객 간 이체가 발생할 때,

자산이 한 번 움직이는 것을 '거래' 라고 부른다. TPS(Transaction Per Second)는 이런 자산 거래가 가능한 플랫폼에서 성능을 측정하기 위해 쓰이는 단어이다. TPS가 높을 수록 짧은 시간 안에 많은 거래를 처리할 수 있다.

 최근까지의 블록체인 성능은 일반 서버에 비해 현저히 떨어져 실서비스에 적용되기 어렵다. 편의점이나 백화점에서 사용하는 신용카드는 초당 약 1,000개의 거래를 처리한다. 그러나 암호화폐를 대표하는 비트코인과 이더리움의 성능은 초당 10개 안팎에 불과하다. 또한 카드의 경우 거래가 완전히 체결되는 데 걸리는 시간이 1초 이내이지만 비트코인은 최소 10분이고 이더리움도 1분 정도는 걸린다. 요즘 시대에 물건을 사고 결제를 할 때 1분 이상 기다릴 수 있는 사람은 많지 않을 것이다.

 하지만 작업 증명 방식을 사용하는 비트코인이나 이더리움과 달리, DPOS 방식을 사용하는 이오스의 경우는 약 3,000 TPS 이상의 성능을 가지고 있다. 앞에서 설명했듯, DPOS 방식에서는 정해진 노드들만 거래를 검증하고 블록을 생성하기 때문에 속도가 훨씬 빠르다. 이것은 프라이빗 블록체인의 경우에도 비슷하다. 프라이빗 블록체인도 종류에 따라 수천 TPS 이상을 지원한다. 때문에 퍼블릭 블록체인 하나만 서비스에 사용하는 경우도 있지만, 최근에는 여러 가지 블록체인을 혼합하여 자신들의 서비스에 맞게 사용하는 경우가 늘고 있는 추세이다.

비트코인 >> 이더리움 >> 비자카드

암호화폐 취득 과정에서도 어려움이 있다. 일반적으로 다음과 같은 절차로 암호화폐를 취득해야 한다.

---

1. 암호화폐 거래소에서 암호화폐를 구입한다.
2. 아래와 같이 암호화폐를 보유할 수 있는 개인 지갑을 마련한다.
    a. 컴퓨터 지갑 프로그램
    b. 지갑 어플리케이션
    c. 하드 월렛
3. 개인 지갑으로 암호화폐를 전송한다.
4. '암호 화폐를 사용할 수 있는 곳'에서 암호화폐를 사용한다.

원화와 같은 법정화폐는 개인이 소유하고 있는 은행 계좌에 보관되고, 체크카드를 이용해서 편리하게 사용할 수 있다. 기본적으로 우리 사회의 모든 금융거래에 법정화폐가 이미 이용되고 있기 때문에 인프라가 잘 갖추어져 있다. 반면 암호화폐의 경우는 얻을 수 있는 경로가 제한되어 있다. 거래소에서 암호화폐를 구매하든지, 채굴을 해야 한다. 하지만 일반인 입장에서 채굴을 하는 것이 쉽지 않기 때문에 주로 거래소에서 구매를 하게 된다. 업계 전반적으로 암호화폐 획득 경로를 늘리기 위해 노력하고 있지만, 아직 시장의 반응은 미미하다.

최근엔 블록체인하면 스마트 컨트랙트를 주요한 특징으로 떠올리곤 한다. 스마트 컨트랙트가 세상을 변화시킬 것이라고 이야기하기도 한다. 하지만, 스마트 컨트랙트에 대해서도 냉정하게 생각해 보아야 한다.

엄청난 기술인 것처럼 보이는 스마트 컨트랙트 프로그래밍은 사실 일반적인 프로그래밍과 크게 다르지 않다. 다른 점이 있다면 스마트 컨트랙트는 언어 안에 이미 블록체인에서 발행된 '자산'의 이동 기능이 있다는 것이다. 이 점이 일반적인 프로그래밍과의 차이를 만든다.

이더리움 블록체인의 경우에는 스마트 컨트랙트 안에서 조건이 만족되면 이더리움과 ERC20 토큰들을 발행 및 이체시킬 수 있다. 재미있는 것은 이 스마트 컨트랙트 코드가 블록체인에 한 번 배포되면 더 이상 업데이트를 할 수 없다는 것이다. 예를 들어 코드를 잘못 짜서 해커가 컨트랙트와 연관된 이더리움 및 토큰들을 모두 빼돌리는 결점을 발견했다고 하자. 일반적인 경우, 결점이 발견되면 얼마 지나지 않아 코드를 업데이트하여 결점을 막을 수 있다. 하지만 이더리움 스마트 컨트랙트의 경우 업데이트가 불가능하기 때문에 한 번 잘못된 코드는 되돌릴 수 없다. 따라서 해커는 이 스마트 컨트랙트에 접근해서 결점을 계속 악용할 수 있다. 이를 막을 수 있는 방법은 없다.

비유적으로 말하자면 공동 가계부에 유성 매직으로 써버리는 것이다. 만약 연필이나, 수성펜으로 쓰면 지울 방법이 있겠지만, 유성 매직으로 써버리면 지울 방법이 사라지게 된다.

은행 시스템이었다면 결점이 발견된 순간 여러가지 방법을 통해서 결점을 감추거나 수정할 수 있다. 은행 시스템에는 이미 여러 보안 계층이 구성되어 있다. 고객이 금액을 잘못 송금했더라도, 은행 시스템에서 그 거래를 취소할 수 있다. 은행 시스템에 결함이 생긴 경우에는 시스템을 가동 중지하고, 소프트웨어를 업데이트한 뒤 다시 가동하면 된다.

스마트 컨트랙트의 문제점은 이러한 보안 계층이 단일 계층이라는 것이다. 코드 계층 안에 자산 이체를 포함한 비즈니스 로직이 모두 담겨 있기 때문에 블록체인에 배포된 코드에서 결점이 발견되는 순간, 그 코드와 연관된 자산들은 모두 위험에 처하게 된다.

다만 이러한 문제점들을 개발자들도 모두 알고 있기 때문에 최근에는 스마트 컨트랙트의 구조를 바꾸려는 추세이다. 단순하게 하나의 코드에 자산 이체와 비즈니스 로직을 모두 포함하는 것이 아니라, 비즈니스 로직과 자산 이체를 나누어서 비즈니스 로직이 잘못 되더라도 자산까지 문제가 미치지 않도록 위험을 분산시키는 방식이다.

2017년 7월에 벌어진 Parity 지갑 공격 사건을 보면 스마트 컨트랙트 설계의 중요성과 어려움을 알 수 있다. Parity 지갑의 스마트 컨트랙트가 공격을 당하면서 약 514,000개의 이더리움이 공격당했다. 이 지갑을 만든 사람이 '개빈 우드'라는 사람이다. 개빈 우드는 이더리움 스마트 컨트랙트 언어의 창시자다. 즉, 자신이 만든 언어로 자신이 공격받은 것이다.

더욱 재밌는 사실은 Parity 지갑 스마트 컨트랙트를 개빈 우드 혼자 만들고 끝난 것이 아니라, 이미 소스가 공개돼서 수많은 사람들이 보고 있었다는 점이다. 뭔가 이상한 점이 있으면 알려주기도 하면서 집단 지성을 통해 발전시키고 었다. 이렇게 수많은 사람들조차 발견하지 못했는데 어느 날 갑자기 결함이 나타난 것이다. 이 공격으로 입은 피해를 단순히 이더리움 1개당 10만 원으로 가정하여 계산해보면, 약 514억 원이 된다. 소꿉놀이 규칙 하나에 약 514억 원이 걸려있는 셈이다. 브레인이라고 하는 사람들이 모여 개발하는 데에도 결함이 얼마든지 나타날 수 있다는 점을 고려할 때, 스마트 컨트랙트는 쉽게 생각해서는 안 된다.

Parity 지갑 사례를 통해 알 수 있듯이 암호화폐의 보관 및 사용

문제는 끊임없이 제기되고 있는 이슈이다. 아직 뾰족한 정답은 없다.

암호화폐를 보관 및 사용할 때 가장 중요한 문제는 '개인키'의 보관이다. 개인키는 블록체인 내 자산을 이체 시킬 수 있는 권한이 있기 때문에 매우 중요하다. 앞서 공인 인증서와 비교해 설명했었던 것을 기억할 것이다. 블록체인에 보안 성이 있다고 얘기할 때의 보안은 일반적인 컴퓨터에서의 보안과는 차이가 있다. 블록체인에서의 '보안'은 다음과 같은 의미이다.

철수가 블록체인에서 자산을 이체시킬 수 있는 A라는 개인키를 만들었다. A라는 개인키로 쓸 수 있는 자산이 학종이 100개라면, 이를 움직일 수 있는 것은 A라는 개인키뿐이다. 은행은 A라는 개인키를 잃어버리면, 철수의 신원을 확인해서 새로 발급해줄 것이다. 그러나, 블록체인은 그러지 않는다. A라는 개인키를 영희가 훔쳐갔으면, 영희가 학종이 100개를 움직일 수 있다. 엄밀히 말해, 블록체인에서의 자산은 철수의 것도 영희의 것도 아니고, A라는 개인키의 것이다. 결국, 블록체인은 자산이 어떠한 개인키에 속해있는지만 보호해주는 것이다.

블록체인이 보장해주는 것은 바로 이 사실뿐이다. 블록체인은 다른 백신 프로그램처럼 바이러스나 악성 프로그램을 막아주는 것이 아니라 '자산이 특정 개인키에 속해있다' 라는 사실만을 보증해준다. 중요한 것은 사람이 아니라 '개인키'이다. 자신의 컴퓨터에 설치된 블록체인 프로그램이 해킹 당하더라도 블록체인 네트워크에 지장이 없다면 블록체인 위의 자기 자산은 안전하다.

개인키를 사용하고 보관하는 부분은 기존 컴퓨터 세상의 보안과 전혀 다를 바가 없다. 컴퓨터에 바이러스가 침투하여 나의 개인키 파일을 오염시키면 개인키를 이용하여 블록체인 내 자산을 이체할 수 없다. 따라서 은행 비밀번호를 기억하고 보관하듯이, 개인키 또한 최대한 조심해서 보관해야 한다. 개인키를 보관하는 방법은 여러가지인데 다음과 같은 방법들이 많이 사용된다.

1. 개인키를 QR코드로 출력해서 가지고 있기
2. 연상단어로 출력해서 보관하기
3. 하드웨어 지갑을 사용하기
4. 개인키 문자열을 직접 보관하기
5. 다중 서명 지갑에 보관하기
6. 인터넷이 연결되지 않은 컴퓨터에 개인키를 보관하기

중요한 점은 본인이 자산을 관리해야 한다는 것이다. 그리고 자산의 안전 또한 본인이 책임져야 한다는 것이 기존 중앙 은행 시스템과의 가장 큰 차이점이다. 물론 은행 시스템에서도 카드를 도난당하면 절도범이 카드를 사용할 수는 있지만, 은행에 전화하면 카드를 중지시킬 수 있다. 하지만 블록체인 세계에서는 자신의 개인키가 도난당하면 자신의 모든 자산이 도난당하는 것과 같다.

실제로 개인키 보관을 못 해서 몇 십 억, 몇 백 억을 못찾는 사례들이 종종 있다. 우리는 일반적으로 은행 공인인증서에 매우 익숙해져 있다. 공인인증서는 신분증으로 찾을 수 있지만, 암호화폐는 계속 언급했듯이 '실명' 기반으로 설계된 시스템이 아니다. 따라서 암호화폐 개인키와 공인인증서가 비슷해 보이지만, 암호화폐 개인키 같은 경우는 본인 스스로 관리를 해야 한다. 어떠한 기관도 대신 책임져 주지 않는다. 개인키의 중요성은 아무리 강조해도 지나치지 않은데, 암호화폐 가격에 집중하게 되면 이 점은 놓치기가 쉽다.

암호화폐 개인키를 안전하게 보관하는 것은 쉽지 않다. 만약 10억

원 상당의 현금을 장롱 속에 숨겨 놓았다고 했을 때, 불안해서 잠을 자기도 쉽지 않을 것이다. 개인키는 특정 문자열로 되어 있어 얼마든지 노출될 수 있다. 길거리 CCTV에 찍히거나, 다른 사람의 카메라 속에 노출된다면 자신의 자산을 잃어버릴 가능성이 있다. 해킹이라는 것이 꼭 전문 해커들에 의해 이루어지기 보다는 조심성 부족 때문에 발생하는 경우가 많다.

블록체인의 저장 공간 또한 보편화를 어렵게 하는 요인이다. 우리가 자주 보는 유튜브의 경우 전 세계의 온갖 동영상이 저장되기 때문에 용량을 상상하기 쉽지 않다. 단위는 이미 기가바이트, 테라바이트, 페타바이트를 넘어선다. 하지만 블록체인은 아직 이에 한참 못 미친다. 이더리움의 경우 전체 데이터를 다 합해도 1테라바이트 수준에 머무른다. 그리고 저장된 데이터들은 그림이나 동영상이 아니라 단순한 텍스트에 불과하다. 블록체인은 아직까지 큰 용량의 데이터를 공유하는 데 어려움이 있다.

공동 가계부에 많은 내용을 쓴다고 해보자. 공동 가계부를 10명이 작성하기로 했는데, 첫 번째 순서인 영희가 100페이지를 썼다. 그 다음 철수는 200페이지를 썼다. 이런 식으로 10명이 한 바퀴를 돌면 이미 그 책의 페이지 수는 몇 천 페이지를 넘어서들고 다니기도 힘들 정도가 될 것이다. 그래서 블록체인에서는 데이터를 기록하는 행위에 비용을 비싸게 매긴다. 데이터를 기록할 때 다른 행위보다 더 많은 수수료를 지불해야 하는 것이다.

이러한 이유로 아직까지 블록체인에 기록할 수 있는 데이터의 양과 형식에는 한계가 있다. 현실적으로 블록체인이 감당 할 수 있는 데이터들은 거의 텍스트에 가깝다. 그 이상의 데이터들은 블록체인 외부에 저장되고 있다.

블록체인에 올려야 하는 데이터에 대해 생각해 볼 때 '게임'을 소재로 하면 도움이 된다. 게임 데이터를 블록체인에 올린다고 했을 때, 게임 캐릭터 이동 경로까지 모두 블록체인에 올리는 게 가치가 있을까? 블록체인에 올라가는 데이터는 블록체인 참여자들에게 효용 가치가 있어야 한다. 그래야 채굴이라는 행위가 발생하고 네트워크가 유지되는 것이기 때문이다. '단순하게 아무거나 다 올려 보자!'가 아니라 이런 경제학적 질문에도 대답할 수 있어야 블록체인 네트워크가 유지될 수 있다.

이 때문에 게임에서는 주로 경제적 가치를 지닌 '아이템'을 블록체인 상에서 발행하고 유통하는 움직임이 있다. VR과 같은 경우는 가상의 부동산을 만들기도 한다. 게임 내 캐릭터 움직임과 같이 사소한 것까지 블록체인에 올릴 수 없고, 그럴 필요도 없다는 것이 업계 중론이다.

이렇게 얘기하고 보면 블록체인이 쓸모없다고 느낄 수도 있다. 분명한 것은 아직 발전하고 있는 기술이라는 점이다. 블록체인은 사회, 경제, 정치, 철학적 요소들도 같이 결합되어 있기 때문에 발전을 위해서 사회 전반적으로 고민을 많이 해야한다. 지금은 많이 부족하지만 그만큼 무궁무진한 발전 가능성이 있다는 점은 분명한 것 같다. 초창기 인터넷 보급 때의 스토리를 기억해보면 지금의 상황이 이해될 것이다. 처음엔 생소하고 생활 속에 정착하기 어렵지만, 앞으로 더욱 발전하게 되면 우리 삶으로 깊숙하게 들어오게 될 것이다.

암호화폐가 정말
은행을 없앨 수 있을까

팟캐스트 '블록킹' 95-1화

기린 동생 : 내 친구가 암호화폐가 은행을 없앨 거래. 진짜야?

기린 : 은행이라는 개념이 어떤 것이냐에 달렸지.

기린 동생 : 그게 무슨 말이야?

기린 : 너는 은행이 뭐라고 생각하니?

기린 동생 : 사람들이 돈을 보관하고… 또 은행은 돈을 빌려주기도 하지.

기린 : 정확해. 은행은 기본적으로 예금을 받고, 유가증권 또는

　　　채무증서를 발행해서 조달한 자금을 대출해주지. 앞에서 봤던 것과 뭔가

　　　비슷한 느낌이 들지 않니?

기린 동생 : 암호화폐에서도 비슷한 내용이 있었던 것 같아.

　　　뭔가를 발행한다는 것이 비슷한 것 같기도 하고…

암호화폐가 은행을 없앨 수 있을까? 블록체인 내 스마트 컨트랙트가 자산을 이체해주는 기능을 하기 때문에 기존 은행이 하던 역할을 대체할 수 있을 것이라 생각할 수도 있다. 만약 사람이 이체 업무를 직접 한다면 모르겠지만, 송금이나 대출을 비롯한 자산의 이동은 기존 은행업에서도 이미 컴퓨터가 수행하고 있다. 은행원이 하는 중요한 업무 중 하나는 고객이 송금 또는 대출을 할 때 적절한 자격을 갖추었는지 판단하는 일이다. 또한, 은행에 수입을 가져다 주는 금융 상품을 만들기도 한다. 블록체인은 이 역할을 대신할 수 있을까?

결론적으로 기존에 은행에서 사람이 하는 일들의 대부분은 블록체인으로 대체하기 힘들다. 대출에 관련된 여러 정보를 판단하는 것은 블록체인 바깥에서 벌어지는 일이고, 앞에서 언급했듯 블록체인은 외부의 정보에 대해서 검증할 수 있는 능력이 없다. 블록체인이 할 수 있는 일은 블록체인 내부에서 발행된 자산과 블록체인 내부에서 정의된 비즈니스 로직에 대한 검증뿐이다.

은행이 사라지느냐 아니냐는 쉽게 예상할 수 있는 문제가 아니다. 블록체인을 활용하여 은행 업무를 할 수도 있고, 블록체인 내에서 또다른 형태의 은행이 만들어질 수도 있다. 중앙화 거래소와 탈중앙화 거래소를 떠올리면 된다. 중앙화 거래소를 기존 은행이라고 본다면, 탈중앙화 거래소를 블록체인 은행이라고 볼 수 있다. 이와 같이, 은행이 사라진다기 보다는 은행이 변화한다고 보는 것이 맞을 것이다.

세간에 도는 이야기들 중 크게 오해하는 점이 몇 가지 있다. 스마트 컨트랙트로 모든 전산이 자동화 되고, 은행원이 필요없어 진다는 것이다. 그런데, 곰곰이 생각해보면, 스마트 컨트랙트를 만드는 주체는 사람이다. 또한, 스마트 컨트랙트에는 금융 로직이 들어갈텐데, 이를 아는 것도 사람이다.

 앞에서 말한 가계부의 예를 다시 들어보자. 사람들이 모여 공동 가계부를 쓰려고 하면, 무엇을 어떻게 쓸지 규칙을 정하는 사람이 있기 마련이다. 이 사람을 어떻게 정할 것인가? 공동 가계부에는 기본적으로 자산이나 자산의 거래 내역, 이외에 여러가지 비즈니스 로직이 들어있어야 한다. 이렇게 중요한 규칙을 옆집 아이에게 맡길 수는 없다. 마을 대표를 선정하듯, 공동 가계부의 규칙을 정하는 임무도 신뢰있는 자에게 맡겨야 한다. 미래에는 이런 역할을 하는 사람이 곧 은행이 될 것이다.

 사람을 완전히 배제하는 것은 거의 불가능 하다. 많은 사람들이 AI 기술을 언급하긴 하지만, 그 또한 당장 가능한 영역이 아닌 것이 로봇의 정확성이 입증이 되어야 되고, 로봇이 보편화 될 정도로 가격 경쟁력이 생겨야 하기 때문이다. 향후 20년, 30년 뒤에는 어떻게 될 지는 모르겠지만, 기술의 발전은 내일을 예측하기도 힘든 영역이다. 이처럼 스마트 컨트랙트가 모든 것을 다 해주지는 못한다. 인간이 만든 비즈니스 로직이 자동화 된 정도일 것이다. 단순 연산을 하는 정도에서 시작될 확률이 높다.

 두 번째 오해는 암호화폐가 기존의 화폐를 대체할 것이라는 것이다. 이러한 오해가 떠돌면서 암호화폐가 여론의 뭇매를 맞기도 한다. 하지만, 조금 더 깊게 생각해보면, 단순한 문제가 아니라는 것을 쉽게 깨달을 수 있다.
 은행이 다루는 화폐는 기본적으로 법정 화폐이다. 발행 주체는 국가 또는 그에 준하는 정치경제 권력 기관이다. 다시 얘기하면 '화폐'에 대한 부분은 기술만으로 이야기할 수 없다. 화폐는 각 국가의 정치·경제 체제와도 관련이 있다. 정치·경제 체제는 인간의 권력 문제와 같은 복잡한 문제와 결부되어 있다.

블록체인도 하나의 국가체제와 비슷한 점이 있다. 블록체인 안에 암호화폐가 존재함으로써 경제 체제가 만들어진다. 또한 현실 경제 체제가 변화하듯이, 블록체인도 참여자들 간 합의를 통해 경제 체제를 변화시킬 수 있다. 이런 변화 과정 속에 정치적인 문제들도 나타날 수 있다. 실제 국가와 다른 점은 블록체인은 수학적 연산으로만 동작한다는 점이다. 우리가 생각하는 투표도 정당 투표의 개념이 아니라, 블록이 수학적으로 옳은지 그른지에 대한 투표이다.

그동안 국가와 은행이 법정화폐를 발행하고 관리해왔다. 만약 암호화폐가 기존의 법정화폐를 대체하게 된다면 국가와 은행이 법정화폐를 발행하고 관리함으로써 누려왔던 권한과 이점이 사라질 것이다. 따라서 암호화폐가 법정화폐를 대체한다거나 은행을 없애는 일은 단순히 그것으로 끝나는 것이 아니라 현실의 많은 부분에 영향을 주게 될 것이다. 쉽게 생각할 일도 아니고, 쉽게 벌어져서도 안 되는 일이다.

블록체인이 은행을 완전히 대체할 수 없고, 암호화폐가 기존 화폐를 완전히 대체할 수는 없지만, 재미있는 시도가 있다. 바로 '암호화폐 은행'이다.

일반적인 소매 활동을 하기 위해서는 법정화폐가 필수이지만, 다양한 암호화폐가 매개물로 사용될 수도 있다. 그리고 이미 수 많은 암호화폐가 발행·유통되고 있다. 이런 현상들을 보면, 암호화폐가 법정화폐를 대체하지는 못 하더라도 그 역할은 어느 정도 축소시킬 수 있다고 볼 수 있다. 암호화폐의 유통량이 많아지면서, 암호화폐를 통해 예·적금, 대출을 해주는 기관도 늘고 있다. 아직은 규모가 크지는 않지만, 기존 은행들을 모방하며 조금씩 성장하고 있다.

암호화폐 은행에는 기존 은행과 구별되는 특징이 하나 있다. 암호화폐 세계에는 기본적으로 국경이라는 것이 존재하지 않는다. 따라서 암호화폐 은행은 국경이 의미 없는 전세계 은행이 될 수 있다. 기존 법정화폐와 완전히 다른 기반에서 시작되는 암호화폐 은행이 어떻게 성장할지 지켜보는 것도 매우 흥미로운 일이 될 것이다.

 지금까지의 여러 이야기들을 종합해보면 전통적으로 여겨왔던 은행과 국가의 관점은 차차 변화할 것이다. 사라지는 것은 전통이고 변화된 본질만이 지속성을 가지며 살아남게 될 것이다.

미래에는 다양한 자산들이 공존할 것이다.

5장을 정리하며

    블록체인이나 암호화폐 모두 아직 뚜렷한 성과를 보이지는
않다. 미래에 큰 영향을 줄 것이라는 기대 심리가 반영되어 있는
것뿐이다. 여기에는 우울한 현실 경제도 한몫 한다. 블록체인에
관심 있는 사람들이 가장 경계해야 할 것은 맹목적 믿음이다.
기술은 사람이 만들어나가는 것이다. 블록체인 기술은 아주
초기 단계이며 어떻게 발전시키는지에 따라 미래가 달라진다.
중앙기관에 문제가 있으니 블록체인을 써야한다는 논리로는
세상을 바꿀 수 없다. 오히려 블록체인이 탄생한 배경, 블록체인의
본질, 블록체인이 갖는 문제점들을 종합적으로 이해하고 이를
토대로 개선방안을 찾아야 할 것이다. 5장을 통하여 블록체인에
대한 본질적 생각을 많이 하게 되었길 바란다.

정부는 블록체인을 규제할 수 있을까?

체스 : 비트코인과 이더리움 같은 퍼블릭 블록체인은 절대 규제할 수 없어. 중앙 조직이
　　　 없는 상태에서 모든 것은 수학적 연산에 의해 돌아가기 때문이지.

기린 : 맞아. 프라이빗 블록체인은 어차피 기관에서 만든 것이니 규제할 수 있겠지만,
　　　 퍼블릭 블록체인은 노드가 전 세계에 퍼져있기 때문에 규제할 수는 없지.

길벗 : 하지만 암호화폐의 실용가치는 없앨 수 있지 않나? 거래소 은행 계좌를 막으면
　　　 되니까…

체스 : 그래, 그것이 정부 전략이지. 암호화폐가 널리 쓰이기 위해서는 법정화폐와의
　　　 교환이 필요한데, 법정화폐는 정부 통제 하에 있기 때문에 얼마든지 막을 수 있어.
　　　 암호화폐 가격도 각 나라의 규제 여부에 따라 요동치기도 하고…

기린 : 암호화폐는 정부의 눈을 피할 수 있는 장점이 있는데, 꼭 규제 안으로 들어가야
　　　 하나?

길벗 : 정부와 암호화폐 업계 사람 모두의 숙제일 거야. 규제할 것인가, 규제를 받지 않는
　　　 상용화 사례를 만들 것인가… 미래는 알 수가 없지. 미래를 알 수 없기 때문에
　　　 매력적인 것 아니겠어?

체스 : 어쨌든 정부와 암호화폐 업계 사람들 간 줄다리기는 계속 될거란 말이네?

기린 : 그렇겠지. 그것을 지켜보는 것도 꽤 재밌을 거야.

길벗 : 근데 우린 지켜보는 사람이 아니라 줄다리기 하는 사람 아닌가?

체스 : 어이구, 나 팔 힘 약한데 큰일이네…

마치며

체스 드디어 긴 여정이 끝났다…

기린 난 이번 작업을 통해 작가분들을 존경하기로 했어. 정말 눈이 빠지는 줄 알았다.

길벗 그래도 엄청 뿌듯하네.

체스 우리가 의도한 바를 다 담은건가?

기린 현재의 생각은 담았다고 볼 수 있지만, 블록체인 기술은 계속 진화 중이니 시간이 흐르면 이 책의 내용이 의미없어질 수도 있을 거야.

길벗 그럼 우리 또 책 써야 하는 건가 ?

체스 그런 상황이 온다면 좋은 거 아냐? 어찌됐든 이 책이 잘 됐으니까 더 쓸 수 있는 거잖아…

기린 아, 몰라. 그건 그때 가서 생각하고 어쨌든 이 순간을 만끽하자.

길벗 마지막으로 독자분들께 드리고 싶은 이야기 있어?

체스 '끊임없는 의심'이 필요하다고 말씀드리고 싶어. 블록체인 기술은 지금 이 순간에도 계속 변화하기 때문에 고정 불변하다고 생각하는 순간 시대에 뒤떨어지게 될 거야. 우리가 과거 겪었던 금융 위기도 대부분 호황에 취해 있을 때 왔으니까… 앞으로 암호화폐도 끊임없이 호황과 불황을 겪을 텐데, 그때마다 일희일비하지 않고 본질에 대해 깊이있게 탐구하는 자세가 필요하다고 생각해.

기린 난 개발자의 관점에서, 앞으로 개발자들도 '철학'적 사고를 할 줄 알아야 한다고 생각해. 특히 블록체인 분야에서는 말이지. 블록체인에는 다양한 정치, 경제, 문화, 심리와 같은 요소들이 융합되어 있으니, 좋은 서비스를 개발하기 위해서는 이러한 것들을 이해해야겠지. 단순히 주어진 기능만 개발하는 사람이 아니라, 사회에 긍정적인 영향을 줄 수 있는 서비스를 끊임없이 고민하는 개발자가 더욱 가치를 갖게 될 것이라고 생각해.

길벗 난 살짝 우려가 있어. 이 책에서 혹시나 암호화폐 가격과 같은 정보를 기대하신 분들이 실망하실까봐… 경제 서적 중 부자되는 방법을 다룬 것들이 꽤 되잖아. 우린 암호화폐 가격에 대해서는 잘 모르는데, 혹시라도 기대하실 수 있으니까…

체스 그건 걱정안 해도 될 것 같다. 책을 구매할 때 한 번 훑어보고 사게 되잖아. 이 책에는 그런 내용이 없으니 안심해도 될 거야.

기린 앞으로 우리는 무엇을 해야할까?

길벗 지금까지 온 것처럼 미래를 향해 나아가야겠지. 새로운 세상을 위해서는 누군가 먼저 뚜벅뚜벅 걸어가야 하니까. 우리는 그 길을 함께 가기 위해 모인 거잖아?

체스 확실한 것은 아무도 미래는 모른다는 거야. 우리도 마찬가지이고. 다만, 더 좋은 세상이라고 생각하는 방향을 향해 걸어갈 뿐이지. 이 책은 우리가 지금껏 걸어온 여정을 공유했다는 점에서 의미가 있는 것 같아.

기린 그래, 그럼 이제부터 우리는 또 우리의 길을 계속 걸어가자.